U0189347

未来农业

颠覆性技术如何塑造未来人类生活

[美] 詹森·申克 著

韩文轩 译

中国科学技术出版社

·北 京·

图书在版编目（CIP）数据

未来农业：颠覆性技术如何塑造未来人类生活 /（美）詹森·申克著；
韩文轩译 . -- 北京：中国科学技术出版社，2024. 11. -- ISBN 978-7-5236-
0933-0

Ⅰ . S126

中国国家版本馆 CIP 数据核字第 2024LT6153 号

Copyright © 2020 Prestige Professional Publishing, LLC

The simplified Chinese translation rights arranged through Rightol Media（本书
中文简体版权经由锐拓传媒取得 Email:copyright@rightol.com ）

版权登记号：01-2024-3667

策划编辑	彭慧元　高立波	正文设计	中文天地
责任编辑	彭慧元	责任校对	焦　宁
封面设计	北京潜龙	责任印制	徐　飞

出　　版	中国科学技术出版社
发　　行	中国科学技术出版社有限公司
地　　址	北京市海淀区中关村南大街 16 号
邮　　编	100081
发行电话	010-62173865
传　　真	010-62173081
网　　址	http://www.cspbooks.com.cn

开　　本	880mm×1230mm　1/32
字　　数	120 千字
印　　张	4.625
版　　次	2024 年 11 月第 1 版
印　　次	2024 年 11 月第 1 次印刷
印　　刷	河北鑫玉鸿程印刷有限公司
书　　号	ISBN 978-7-5236-0933-0 / S·801
定　　价	76.00 元

（凡购买本社图书，如有缺页、倒页、脱页者，本社销售中心负责调换）

For my loving wife, Ashley.

致爱妻艾什莉

序言 农业展望

粮食和农业问题是 2019 年新冠肺炎疫情、工厂停业和经济衰退期间最令人担忧的问题之一。随着整个世界被推到马斯洛需求层次理论 ① 中的最底层，人们对粮食供应的担忧疯狂增长。

2020 年 4 月，我的书《新冠肺炎后的未来》出版了。在该书中，我讨论了在不确定性显著上升时期，粮食和农业的重要性，但未来还有更多的事情要做。

最终，在疫情大流行导致的停业期间，电子商务和食品配送对于确保人民健康安全、经济完整和社会稳定变得至关重要，技术帮助挽回了局面。展望未来，粮食安全和稳定的农业生产活动将成为各种经济体日益重要的优先事项。

当前，美中贸易冲突的背景取决于农业采购，这凸显了全球粮食和农业贸易的未来风险。此外，全球人口和财富的长期

---

① 马斯洛需求层次理论（Maslow's Hierarchy of Needs），包括传播较广的五阶模型和后来拓展的八阶模型；从层次结构的底部向上，五阶人类需求分别为生理（食物和衣服）、安全（工作保障）、社交需要（友谊）、尊重和自我实现。——译者注（若不另作说明，脚注均为译者注）

增长，将使卡路里①和蛋白质的需求超过世界目前所能提供的水平。

　　这是再次需要技术提供关键解决方案之处。全球需求和全球冲突前景将推动粮食和农业的关键发展趋势。可持续性、短缺、水危机和其他需求将在未来十年后达到非解决不可的地步。

　　这些趋势以及将颠覆、影响和解决上述部分问题的技术，将在未来几十年影响许多人，此即本书的主要思想，评估接下来会发生什么，这也是为什么这本书的标题是《未来农业：颠覆性技术如何塑造未来人类生活》。

---

① Calorie，热量单位，1 卡路里即在 1 个大气压下把 1 克水升高 1 摄氏度时所需要的热量（4.186 焦耳）；营养学家习惯用"卡路里"表示食物热量，即食物在燃烧时所释放的能量。在本书中，当其前面是具体数字时，"卡路里"表示热量单位；其他情况下，"卡路里"等同于"食物中的热量"的意思。

引言　论未来的粮食与农业

食品和农业是消费者长期以来认为理所当然的经济组成部分。然而，随着新冠肺炎疫情的爆发，情况发生了翻天覆地的变化。未来如何优先考虑粮食并将其提供给消费者，以及如何利用技术应对农业挑战，将会有更多的变化。

包括电子商务和食品配送等话题可能并不会太令人惊讶，但其他技术类主题则有点先进和前瞻性。虽然区块链已经在农业和食品供应链的某些领域得到了应用，但在未来十年，区块链在这些领域的使用可能还会大大增加。此外，量子计算等更前沿的技术可能成为解决农业领域不确定性的关键。

在本书中，我将探讨变化动态、长期趋势以及新兴尖端技术的应用等相互交织的内容。

本书的结构

为了说清楚《未来农业：颠覆性技术如何塑造未来人类生活》中最重要的技术和趋势因素，我将本书分为七个主要部分：

- 关键趋势
- 未来卡路里

- 数据技术
- 物理技术
- 可持续性和短缺问题
- 争议性趋势
- 展望未来

第一部分（关键趋势）讨论了长期的人口趋势以及近期最重要的一些人口和劳动力市场动态；第二部分（未来卡路里）研究未来卡路里及人们的需求，并关注驱动食品和农业需求的最关键因素；在第三部分（数据技术）专门介绍数据技术，涵盖了对不断进步的和新兴的关键数据技术的探讨，包括电子商务、区块链以及量子计算；第四部分（物理技术）讨论了最重要的供应侧的技术，包括自动化和无人机；第五部分（可持续性和短缺问题）专门探讨环境、社会和治理（ESG）以及农业问题，如气候变化和食物沙漠①，"清洁食品"的转变及需求，并讨论了如何将废弃物转化为能源；第六部分（争议性趋势）致力于探讨农业发展中的争议性趋势，其中包括对食材灭绝风险和转基因生物（GMO）的讨论，对未来的水以及对贸易战动态的讨论，此外，还对接受并扩张大麻业务及其税收的可能性进行了评估；第七部分（展望未来）包括未来情景以及综合

---

① 食物沙漠或食品荒漠（a food desert），指没有新鲜食品或这种食品价格极贵的地区，或缺乏健康食品零售点、居民食品来源通常只有附近的便利店或快餐店的社区。这些食品沙漠区的居民必须"跋涉"至少一英里的路程才能买到新鲜的肉类、奶制品和蔬菜。

所有内容的结论。

我有理由对《未来农业：颠覆性技术如何塑造未来人类生活》抱有希望，但也有理由感到担忧。我希望，前面几章的讨论将有助于您为即将到来的粮食和农业的各种变化做好准备。毕竟，预警是为有利机会和不利风险做好准备的关键先决条件。

目　录
CONTENTS

物 理 技 术

可持续性和短缺问题

争议性趋势

展 望 未 来

第一章

我为何写此书

尽管粮食安全和短缺在任何时候都是世界上许多国家持续关注的问题和风险，但在美国等最发达的经济合作与发展组织国家，这一问题并不常见。然而，新冠肺炎大流行、停工和经济衰退改变了这一点。

商店里纸制品短缺或食物种类寥寥无几的画面，让许多像我一样经历过冷战时期的美国人想起了当时苏联人排队等待卫生纸和新鲜食物的画面。这些场景通过《莫斯科先生》[①]等电影得到广泛传播。

昔日苏联作为一片巨大荒原的形象，盖过了我们今天所谓的食物沙漠；在这些食物荒漠中，经济实惠的新鲜农产品供应十分有限，尤其是在包括美国在内的各国城市地区。新冠肺炎的影响导致美国的的确确出现了食品等日常必需品的广泛匮乏，而这种情形以前只有在苏联才会发生。

2020年3月，我与一群首席执行官在电话上讨论粮食安

---

① *Moscow on the Hudson*，美国1984年拍摄的喜剧电影。

全、粮食供应和农业供应链的话题，但探讨的却并非您能想到的那些内容，当然也不是我所期望的内容。

该集团累计年收入数百亿美元。尽管粮食安全是我们讨论的一个重要焦点，但焦点显然并非人口层面的问题，而是这些高管们可以使用哪些公司的哪些电脑或手机应用程序，来获取无法获得的食物，如奶酪、肉类、鱼类和农产品。

这对我来说是一个大开眼界的时刻。很明显，整个经济和社会正处于危险的边缘。这种情况，我们许多人在经合组织经济体中从未见过，甚至从未想过，更不用说在美国了，因为美国是世界上最大的食品和农产品出口国之一。

在那次电话会议后不久，我与一位朋友进行了交谈，他是一位高管，还拥有一家 200 英亩的奶牛场。他非常关心肉类供应，所以采购了半扇牛肋肉，那是半头牛。他告诉我，他和他的家人种植了两到三英亩的作物，并购买了雏鸡来饲养。

事实上，拥有 200 英亩农场的农业生产人士对食品供应链感到担忧，这比经营数十亿美元的集团高管在当地买不到一大块切达奶酪①或卫生纸还要令人震惊。

我谈到了这些风险，并将其中一些主题纳入 2020 年 4 月 1 日出版的《新冠肺炎后的未来》一书中。该书出版以来，围绕食品和农业的问题和风险一直是许多美国人的首要考虑内容，它也经常成为一个讨论的话题。当我与房屋建筑商谈论新冠肺

---

① 一种原产于英国的黄色硬干酪。

炎疫情的影响时，我建议他们做好准备，让人们比过去任何时候都要有更多的家庭食品库存。言下之意就是要建造更多更大的食品储藏室。

2020年5月初，我在美国心理协会做演讲时，也提到了这个话题。美国心理协会董事会对人们可能因新冠肺炎大流行、停工和经济衰退而经历的心理问题和心理变化最感兴趣。我的观察结果是，人们可能会在一段时间内与食物产生不健康的关系。这是大萧条后发生在许多人身上的事情，而考虑到实际上大多数人的正常需求量随时都能获得满足，那么我们看到的情况可能反映了更严重的心理问题[①]。

当然，我做出上述言论，不仅仅因为我作为一名经济学家观察到了家庭食品购买量增加和食品价格上涨这些经济数据；而且还基于这样一个事实，即我认识的每个人——每一位高管、行政领导、教育工作者和其他专业人士，都对食物短缺感到担忧，并过度购买食物和额外的冷冻柜和冰箱，以期在食物短缺变得更加普遍的情况下扩大食物库存。

我的生日正好赶上因疫情控制需要社会开始停摆那天。当晚，我和许多其他人一样——和那个特殊时期的许多人一样，半夜睡不着，在送餐应用程序之间切换，等待午夜后送餐时间的开启。这场围绕食物抢购的竞争和躁动不安的狂热，就像20

---

① 即人们总担心食物不够的不健康心理。

世纪 80 年代的椰菜娃娃热 ①，只是这次是针对真正的花椰菜。

　　然后，就是抢购食物和卫生纸的模因 ② 行为。虽然说"幽默可以被视为从另一个角度看到的不幸" ③，但在新冠肺炎疫情期间的封控中，人们感觉整条街道都处于同样的困境中，因此很难从另一个角度看待这种痛苦。对一些人来说，情况确实糟糕透顶：在新冠肺炎大流行、停业和经济衰退期间，美国失业人数比大萧条期间还要多。此外，有色人种社区不对称 ④ 飙升且居高不下的失业率，一直是这个社会不平等的标志，也暴露了未来将面临的社会风险软肋。

　　媒体广泛报道肉类短缺和其他供应有限的情况。虽然有些人可能会谴责这些报道夸大其词，但事实上，整个经济和社会可能比我们愿意承认的更接近危险的边缘。

　　英国军情五处（MI5）长期以来秉持一个信条，即社会距离无序和混乱只有"四顿饭之遥"[1]。在新冠肺炎大流行和封控期间，我们距离这种无序和混乱已经不远了。此外，现在这些风险既然已经暴露，那么随着全球大国竞争和冲突变得白热

---

①　椰菜娃娃热（Cabbage Patch Baby craze），受"娃娃都是从菜地里长出来的"古老童话启发，美国奥尔康公司创造了一个身长 40 厘米的"椰菜娃娃"玩具，并在 1984 年圣诞节前后的美国成功掀起了人们竞相"领养"的热潮。

②　模因，即模仿传递行为，通过模仿等非遗传方式传递的行为。

③　原文为"Humor is said to be misery as seen from the other side of the street（从街的另一边看，幽默就是痛苦）"。这句话强调了幽默作为一种心理应对策略的价值，可以帮助人们减轻压力、缓解痛苦，并在困难时期找到一丝安慰。

④　指有色人种失业人数远超其在美国总人口中的占比。

化，它们未来可能会被冲突方再次利用。

我想告诉您，我写这本书的动机完全是因为我对农业市场的兴趣。在某种程度上，这种兴趣无疑是一个关键驱动因素。事实上，在新冠肺炎大流行之前，《未来农业：颠覆性技术如何塑造未来人类生活》一书已经酝酿了好几个月。然而，新冠肺炎疫情暴发对食品供应和其他各个方面所产生的一系列后果，对我的研究方向和本书的内容产生了重大影响。

幸运的是，我在分析和预测农业市场方面有着扎实的背景。事实上，我从事农产品的价格预测和市场分析，以及食品和农产品风险评估工作已经大约 15 年了。这包括在威望经济公司 ① 预测农产品价格的工作经历，为此，我曾被评为世界棉花、糖、咖啡和大豆价格的头号预测专家。

我在食品和农业领域的职业生涯，还包括在瓦霍维亚投资银行 ② 工作时支持农业大宗商品尽职调查项目，以及在许多国家和大洲的很多产品上指导麦肯锡公司 ③ 的农业大宗商品风险管理项目。这涵盖了从乙醇和生物燃料到谷物、咖啡、糖的各种管理内容，甚至还包括更加独特或特殊的主题，比如水果风

---

① 威望经济公司（Prestige Economics），总部位于美国的一家全球领先的独立金融市场咨询机构。

② 即美联银行，于 2001 年由美联银行同瓦霍维亚银行（Wachovia）合并而成，并沿用了后者的名字，是向零售、经纪与公司客户提供金融服务的最大公司之一。

③ 麦肯锡公司（McKinsey）总部位于美国的一家全球知名的咨询公司。

险管理。当我被拉入一个草莓商品风险管理项目后，我以为所有相关工作内容我都已耳闻目睹过，但在新冠肺炎疫情之后，情况显然并非如此。这就是为什么新冠肺炎的影响将在未来几十年内对食品和农业产业投下阴影的部分原因，同样它也将对人们曾经认为理所当然的许多其他行业产生负面影响。

　　作为未来主义研究所主席，我帮助分析师、战略家和领导人成为未来主义者，精心制定未来主义的研究、分析和系列情景是我任期内最重要的工作内容。这就是我写这本书的主要原因：分享未来十年及以后将会影响粮食和农业的发展趋势和技术创新的未来主义研究成果。

　　总的来说，我对未来几十年粮食和农业的预期，包括市场将广泛采用现有成熟技术，同时各种新兴技术将渗透新市场，以及大力发展量子计算等最前沿的技术。此外，所有数字和实物形式的粮食和农业，在未来将越来越多地涉及可持续性等安全议题。

　　在接下来的章节中，我将讨论一些会迅速得到普及的最重要趋势，以及一些正面临未来挑战的趋势，而且我将把这些趋势和技术放在当前和历史背景下讨论。毕竟，这一次与过去绝没有什么不同，这正是为什么我们需要从讨论农业的过去开始。

关 键 趋 势

第二章

昔日农业

　　食物是人类最基本的需求之一，在人类历史的大部分时间里，获取食物是人类的核心职业和当务之急。对现在的许多人来说情况仍然如此，但在经合组织中那些经济最发达的国家，从事农业和食品相关行业的人数已不再占据劳动者主流。

　　事实上，在像美国这样拥有大型超市的国家，食品和农业安全无虞已经成为大多数人认为理所当然的事情，或者至少在新冠肺炎疫情暴发之前，人们理所当然地认为他们的食物供应是安全的，直到疫情迫使人们重新评估。

　　那么，我们曾经是如何做到食物充足和默认粮食保障无虞，以及民众不再像过去那样终日为粮食生产而操劳的呢？

　　这在很大程度上可以追溯到历史上生产技术的不断进步。在某些情况下，相对简单的生产模式改变（如实行作物轮作）就可以大大提高粮食产量。马拉犁也对提高粮食生产效率产生过重大影响。无疑最大的改变发生在近些年。

　　事实上，就在 19 世纪中期，大多数美国人还在农业部门工作，如图 2-1 所示。工业革命的爆发导致了资本主义的兴起

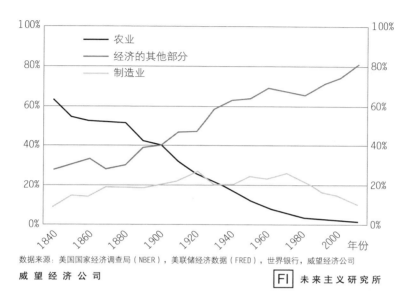

数据来源：美国国家经济调查局（NBER），美联储经济数据（FRED），世界银行，威望经济公司

威望经济公司   FI 未来主义研究所

图 2-1   美国按行业划分的劳动力百分比 [1]

和城市化，以及随之而来的农业生活方式的全面衰落。

大规模的财富创造以及广泛开展的机械化经济活动，使工农业的生产力水平大大提高。农业产业中石油燃料驱动的内燃机车进一步加速了这一进程。简而言之，生产更多食物所需要的人越来越少。这导致制造业和服务业成为劳动力中越来越重要的组成部分。

这种趋势在 19—20 世纪之交变得最为显著，并继续推动美国、经合组织和全球范围内农业劳动力的占比下降。美国仅有 210 多万工人从事农业生产，占其人口的 1% 左右。可以在图 2-2 中看到，这一水平已经保持相对稳定了 20 年 [2]。

有趣的是，美国农业工人仅占 2019 年美国劳动力的 1.3% 左右[3]。尽管农业从业人员在全球劳动力中所占比例一直在下降，但美国的低水平与全球和其他国家高得多的农业劳动力占比形成了鲜明对比，如图 2-3 所示。

数据来源：联合国粮农组织，威望经济公司，未来主义研究所
威 望 经 济 公 司   FI 未 来 主 义 研 究 所

图 2-2   美国农业就业人数[4]

虽然美国农业劳动力百分比的几次大幅下降发生在 20 世纪上半叶，但自冷战结束以来，全球和各经济体的农业劳动力占比都出现了显著下降。

让我们管中窥豹，看看三个重要的亚洲经济体的这一动态。1991 年，中国从事农业生产的劳动者约占劳动力的 60%；到 2019 年，这一数字大幅降到仅略高于 25%。在越南，

1991—2019 年，农业劳动者的比例以同样戏剧性的方式从大约 71% 下降到 38% 左右。在韩国，农业劳动力的比例则从 1991 年的 15% 左右下降到 2019 年的 5%[5]。

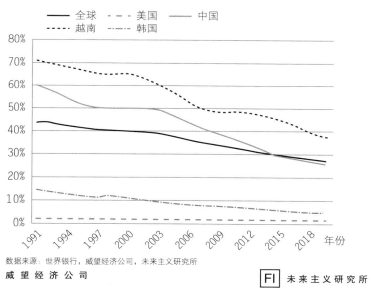

数据来源：世界银行，威望经济公司，未来主义研究所

威望经济公司　　　　　　　　　　　FI 未来主义研究所

图 2-3 全球农业部门就业占总就业的百分比[6]

与此同时，1991—2019 年美国农业工人占劳动力的比例从 1.9% 左右下降到 1.3%，这是世界上下降幅度最小的[7]。这在很大程度上是因为美国在 1991 年已经是世界上工业化程度最高的国家之一。从逻辑上讲，期望新兴市场国家获得与韩国、中国和越南过去 30 年一样的快速工业化、城市化和技术进步是不合理的。

在全球范围内，1991—2019 年农业劳动者的占比从 44%
左右下降到了 27%。展望未来，这种下降趋势可能仍然会持续
下去。

尽管经合组织经济体中越来越多的人很可能会因为经历新
冠肺炎疫情而去寻求食品和农业相关的职业，但在发展中国家
和新兴市场经济体，农业行业的生产力仍有待提高。此外，对
全球农业劳动力占比下降趋势的预测，甚至还没考虑农用自动
化车辆和无人机、食物培育实验室以及高度自动化的水培设施
对提高未来农业生产力的潜在贡献。

第三章

农业的现状

如果这本书是在新冠肺炎疫情之前出版的，那么农业的现状将不是一个问题。我会写道，人们认为粮食安全是理所当然的，而且供应极其丰富。我还可能补充道，全球贸易和高效的供应链比以往任何时候都能为全球商品提供更多的获取途径。

现在并非新冠肺炎疫情之前的世界。尽管在准入和供应链方面，有关全球市场的一些观点暂时仍然正确，但农业现状目前已经受到新冠肺炎疫情期间供应链的牛鞭效应、效率低下和疫情期劳动力不稳定的影响。目前全球粮食和农业面临的最大风险不是粮食供应本身，而是来自供应链系统中的人员。

工人们因疫情无法加工肉类或运送货物而造成了大量浪费和短缺。现在，在一个世纪以来最严重的疫情期间，一些恐慌性购买导致的需求激增可能引发商品供过于求，导致更多的食品和农产品变质毁掉。

这些都是当前紧迫而重要的动态状况，它们很可能会继续给未来带来严重的消极影响。除了恐慌，农业和粮食的现状还有其他特征。

除了农业劳动力市场的动态之外，即世界上生产大部分农产品的劳动力比例在不断下降的同时，土地利用效率显著提升。经合组织国家尤其如此，尽管非经合组织国家的农业用地有所增加，可以在图 3-1 和图 3-2 中看到这种动态。有趣的是，在图中这四个国家中，专门从事农业的劳动力比例都有所下降。

在图 3-1 中，可以看到美国近年来农业用地面积在下降，而中国农业用地面积实际呈现上升趋势。在图 3-2 中，可以看到韩国农业用地面积在缓慢下降，而越南农业用地面积却在上升。尽管冷战结束以来，越南的土地利用率大幅上升，但同一时期，该国从事农业的劳动力比例却大幅下降。

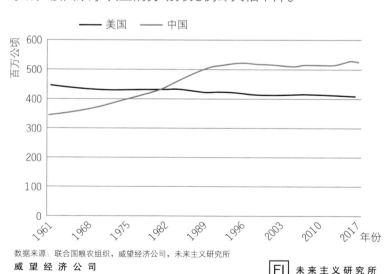

数据来源：联合国粮农组织，威望经济公司，未来主义研究所

威 望 经 济 公 司 　　　　　　　　 FI 未 来 主 义 研 究 所

图 3-1　美国和中国的农业用地面积 [1]

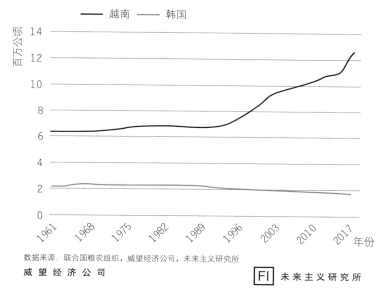

数据来源：联合国粮农组织，威望经济公司，未来主义研究所
威 望 经 济 公 司　　　　　　　　　FI 未 来 主 义 研 究 所

图 3-2　越南和韩国的农业用地面积 [2]

　　这些生产力的动态是引人注目的，但更值得注意的是，如图 3-3 所示，在近几十年来在农业用地总面积下降的同时，作物用地即耕地面积却上升了，这是效率动态变化的另一个表现。

　　这些数据还没有考虑到如果使用更多的自动化、传感器和物联网数据以及无人机或机器人将会带来的积极影响。过去效率持续增加的趋势，意味着将来的生产效率肯定会超越现在。

　　在我们度过新冠肺炎疫情高峰期后，农业丰饶、粮食充足的现实可能会变得显而易见。即便是现在，多数社会在疫情期间仍能获取所需的卡路里这一事实也能说明问题。新冠肺炎疫情暴露出的供应链和社会安全风险，将促进农业上越来越多地采用高效的机器和自动化解决方案。换言之，未来农业很可能会消除由人类自身带来的风险——尽管也会引入新的风险。

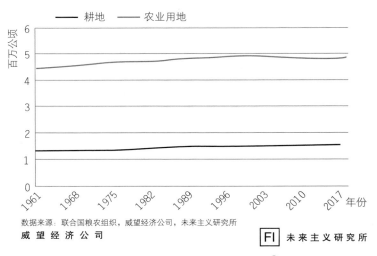

图 3-3　全球农业用地总面积和耕地面积 ① 的比较 [3]

---

①　农业用地（land use for agriculture），包括所有直接或间接用于农业生产的土地，如耕地、园地、林地、牧草地、养捕水面、农田水利设施用地等。耕地（land use for crops，或 cropland），是农业用地的一种特定类型，专指用于种植农作物的土地。

第四章

未来农业

"这次也会和以前一样。"

这是经济学家和未来学家经常引用的一句话，它适用于金融市场、人类行为，同样也适用于农业在历史上的发展和进步模式。

无论过去还是现在，农业都曾利用技术手段，给人类的社会福祉、健康和财富等方面带来了巨大进步。此外，在最发达的经济体中，工人在最近几十年，特别是在 20 世纪的最后 10 年里，他们的实际生产力大幅提高。

展望未来，世界人口的持续增长可能会推动全球对食物热量和蛋白质的需求。这将给地球带来压力，可持续性问题将变得更加严峻，但不断涌现的新技术可以帮助解决一些问题。

在考虑基于（爱因斯坦称之为"诡异的"）量子物理思想运行的量子计算机的潜在用途之前，我们还有机会提高目前在用农田的利用效率并且增加农田的面积。

全球作物产量上升的趋势如图 4-1 所示。在过去 60 年中，包括美国、韩国、越南、中国在内的各个经济体以及全球平均

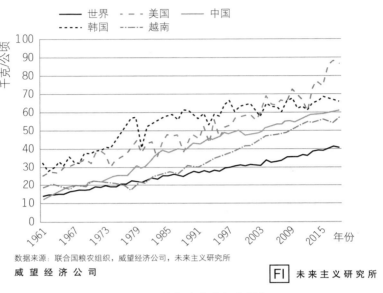

数据来源：联合国粮农组织，威望经济公司，未来主义研究所

威 望 经 济 公 司　　　　　　　　　　　　　FI　未来主义研究所

图 4-1　作物（谷类）产量[1]

的作物产量都大幅上升。按各国人均国内生产总值（GDP per capita）划分的这些产量水平之间的差距表明，随着最发达经济体已广泛使用的资本设备[①]和技术更多地被其他国家采纳，全球和各国的作物生产效率可能会进一步提高。这也可能需要对亚洲和非洲的小型农场进行进一步的产业整合。

　　当然，一个国家的作物产量在很大程度上受到该国天气和环境条件的影响。

　　然而，随着时间的推移，图 4-1 中各国作物产量之间的差

————————

① 资本设备（capital equipment），是指企业用于提高生产率或者进行生产现代化改造的设备。

异将持续存在。各经济体几十年来的产量上升暗示了各国利用现有技术进一步提高效率的潜力。

在图 4-1 所示的时间段内，在所有显示的经济体中，致力于农业的劳动力比例都有所下降。再加上与美国的持续产量差距（美国的农业劳动力比例要小得多），表明在这些经济体和全球范围内，仍有潜力用现有技术和设备替代劳动力。

但接下来会发生什么呢？

这就是后面几章要聚焦的地方。数据、传感器和更多自动化技术的使用都有望提高各经济体的作物产量和农业生产率。与此同时，一些技术（如量子计算）可以提供优化的跨越式发展，如区块链①技术可以提供更大的食品安全和保障。

---

① 区块链（blockchain），是一种块链式存储、不可篡改、安全可信的去中心化分布式账本，它结合了分布式存储、点对点传输、共识机制、密码学等技术，通过不断增长的数据块链（Blocks）记录交易和信息，确保数据的安全性和透明性。

未来卡路里

第五章

搜寻卡路里

农业未来面临的最大问题是需要满足全球增长人口的需求。

我这里并非在鼓吹马尔萨斯主义，我只是确保不会像记者们爱说的那样，"埋没线索"。这里的重要观点是，未来十年及以后的农业需求将源于全球人口的增长。

事实上，根据世界银行的预测，到 2050 年，地球上的人口可能会比现在多出 20 多亿（图 5-1）。此外，几乎一半的人口增长可能发生在非洲和亚洲的最不发达经济体。

按地区划分的未来人口（百万）

区域	2018年	2020年	2030年	2040年	2050年	2050年较2018年的差
欧洲和中亚	918	922	929	927	920	2
最不发达国家	1026	1074	1334	1619	1917	891
经合组织成员国	1307	1319	1367	1397	1413	106
世界	7611	7770	8516	9172	9734	2123

数据来源：世界银行

威望经济公司

FI 未来主义研究所

图 5-1 世界银行全球人口预测 [1]

　　在未来几十年，全球人口的增长并不是对粮食和农业额外需求的唯一原因。毕竟，人口增长很可能还伴随着全球财富的持续增长，其中最重要的是亚洲新兴中产阶级的崛起。

　　在图 5-2 中，可以看到石油输出国组织（OPEC）对全球人均国内生产总值水平的预测。虽然 OPEC 最关心的是全球人口增长和财富增长对能源需求的影响，但我们也可以推断出农业市场的需求。随着中国和印度实际人均国内生产总值的大幅增长，他们对卡路里的需求可能也会上升。

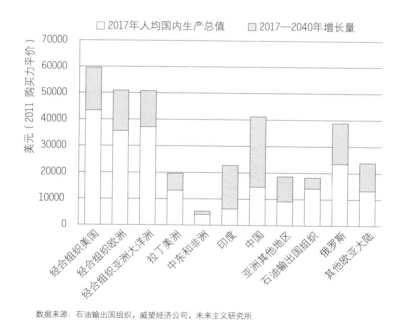

数据来源：石油输出国组织，威望经济公司，未来主义研究所
威望经济公司　　　　　　　　　　　　　　　　FI　未来主义研究所

图 5-2　2017 年和 2040 年的实际人均 GDP 预测 [2]

　　较富裕的经济体一直要求较高热量的饮食，这种动态也可能持续到未来。再次强调，我的观点并不是说世界不能满足这些需求，但是可能需要作物产量达到最佳水平。

　　我们可能需要部署目前尚未广泛使用的技术，以确保这确实值得去做，或者至少值得使用水和肥料。此外，还需要部署一大堆其他技术，以确保生产更多的肉类、农产品和其他食物来供养饥饿的地球。

　　在图 5-3 中，可以看到不同经济体的人均每日饮食热量消费存在差异。同时也可以看到，在趋势上，卡路里消费水平在不断上升。

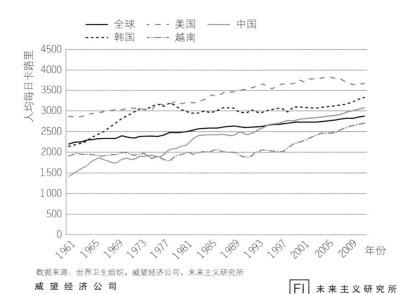

数据来源：世界卫生组织，威望经济公司，未来主义研究所

威 望 经 济 公 司　　　　　　　　　　　　　FI　未 来 主 义 研 究 所

图 5-3　部分国家人均每日卡路里消费[3]

在我们的许多图表中所考虑的经济体中，美国的人均每日卡路里消费水平明显高于韩国、中国、越南或全球平均水平。有趣的是，美国和韩国的人均 GDP 是这些国家中最高的，其卡路里消费水平也大致与它们在全球 GDP 的位置一致，也是最高的。

这没什么好惊讶的。人们挣得越多，他们每天的卡路里消费就越多。

按经济类型划分的所有经济体的卡路里消费都呈上升趋势，这一趋势在全球范围内都发生过，在工业化国家、发展中国家和撒哈拉以南非洲国家的消费水平也是如此。这一动态如图 5-4 所示。

工业化国家总体上似乎已接近其每日人均热量消费卡路里的上限，尽管其他工业化国家的这一数字仍低于美国的消费水平。这意味着，如果每天 3500 卡路里是人均消费的相对上限，那么这可能是全球所有公民最终都能达到的水平。这比撒哈拉以南非洲地区目前每天人均消耗的热量多 960 卡路里，比全球平均水平多 450 卡路里。

换句话说，如果世界平均饮食消耗卡路里比工业化国家少450 卡路里，我们需要为地球上现存的 78 亿人每人每天额外增加 450 卡路里的消耗，才能达到平均工业化水平下每个全球公民的消费量。

那可是很多的热量！

这甚至还没有考虑到人口增长，也没有考虑到 2050 年全

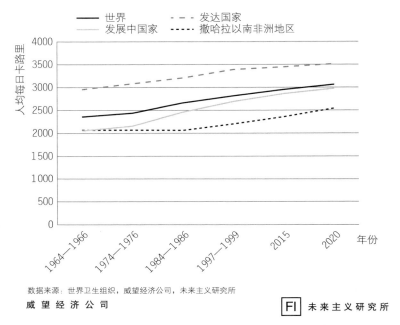

数据来源：世界卫生组织，威望经济公司，未来主义研究所

威望经济公司　　　　　　　　FI　未来主义研究所

图 5-4　不同国家类型的人均每日卡路里消费 [4]

球新增的 20 亿人口也可能会将他们的饮食热量消费优化到每天 3500 卡路里。

　　总体来说，这意味着，到 2050 年全球经济体需要每天增加 10.4 万亿卡路里来满足 97 亿多人的需求。从这个角度来看，2020 年全球饮食热量消费水平约为每天 23.7 万亿卡路里。

　　按百分比计算，每天增加的 10.4 万亿卡路里意味着，到 2050 年，仅在未来 30 年内，全球每天的饮食热量消费水平需要提高约 44%。

　　我们可以通过提高作物产量、增加土地利用、产业整合和减少食物浪费来实现部分饮食热量供应；但到 2050 年，由于热量需求的大幅增长，我们将需要更多的供应来源。这就是为什么新兴技术在这里至关重要——它能推动饮食热量生产的跨越式进步，以满足显著增长的需求。

第六章

未来蛋白质

在经济体中，标志财富的不仅仅是卡路里的消耗量，还有肉类的消耗量。

与每日人均消耗的总热量一样，近几十年来，每日人均肉类消耗的热量也越来越高。即使在最发达的工业化经济体，肉类消费也呈上升趋势。

当然，蛋白质消费最显著的增长来自一些新兴和发展中经济体，那里的中产阶级财富正以越来越快的速度增长。这种消费在一定程度上受到财富增长和营养改善的推动，但在其他情况下，肉类消费似乎在一些经济体中被优先考虑——比如中国和越南，目前这些国家每天的肉类热量消费量甚至超过了巨无霸汉堡的故乡①。

在图 6-1 中，可以看到 2011 年前半个世纪不同经济体的每日肉类热量消耗是如何变化的。在趋势上，肉类的热量消费水平一直在上升，一些新兴市场的增长更为明显。

---

① 巨无霸汉堡的故乡，指美国。

数据来源：国家地理，威望经济公司，未来主义研究所

威 望 经 济 公 司　　　　　　　　FI　未 来 主 义 研 究 所

图 6-1　部分国家的人均每日肉类卡路里消费[1]

美国是肉类热量消费最高的国家之一。就像全球卡路里的计算结果一样，未来对全球肉类的潜在需求可能是惊人的。2011 年，美国人均每日肉类热量的消耗量为 469 卡路里。与此同时，全球平均水平仅为 272 卡路里。展望 2050 年，如果全球肉类消费量都上升到美国和其他发达经济体的水平，那么全球肉类热量的消费量可能会翻一番[2]。

亚洲中产阶级的出现和崛起是过去 40 年亚洲和全球肉类产量大幅增长的重要原因。此外，人口增长也可能是一个重要的促成因素。

在图 6-2 中，可以看到非洲在全球肉类生产中只占很小的

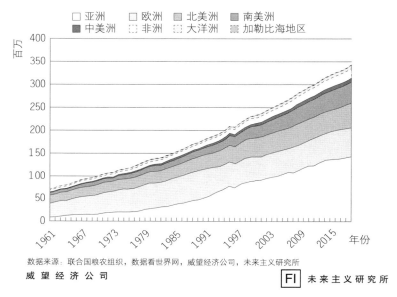

数据来源：联合国粮农组织，数据看世界网，威望经济公司，未来主义研究所

威 望 经 济 公 司　　　　　　　　　　　FI　未 来 主 义 研 究 所

图 6-2　全球各地区肉类产量（吨）[3]

一部分，四五十年前的亚洲也是如此。

展望未来，我们预计全球肉类需求可能会在财富增长的新兴市场（尤其是亚洲和非洲）的当前水平上出现最大增长。这些地区人口的增加将使情况更加复杂。

肉类产量增长最大的类别是家禽。从图 6-3 中可以看到，家禽产量的增长与图 6-2 所示的亚洲肉类产量的增长一致。鸡肉相对便宜，而且鸡的生长相对较快——1 个月到 1.5 个月就能进入市场。与此形成鲜明对比的是，牛肉可能需要一到两年的时间才能上市。

从供应链角度看，这意味着如果你想快速地将谷物转化为

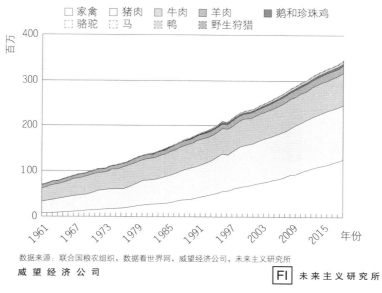

图例：家禽　猪肉　牛肉　羊肉　鹅和珍珠鸡　骆驼　马　鸭　野生狩猎

数据来源：联合国粮农组织，数据看世界网，威望经济公司，未来主义研究所

威望经济公司　　　　　　　　　　　　FI　未来主义研究所

图 6-3　全球畜禽肉产量（吨）[4]

肉类蛋白质，家禽是实现这一目标的最快途径之一。这种动态的影响是，为了提供大量新出现的全球中产阶级所需的肉类，被屠宰的动物数量将呈指数[①]增长。

　　1961 年屠宰的鸡数量约为 66 亿只，到 2018 年，这一数字增加了 10 多倍，达到 688 亿。如图 6-4 所示。

　　展望肉类生产的未来，如果我们需要在未来 30 年里通过饲养足够的畜禽使地球上可用的肉类卡路里增加一倍，那看起来我们可能需要每年至少屠宰 1200 亿只鸡。

---

①　原文是抛物线上升（to rise parabolically），此处按中文语境中的习惯表达改为"指数增长"。

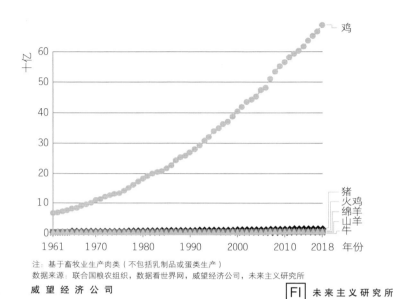

注：基于畜牧业生产肉类（不包括乳制品或蛋类生产）
数据来源：联合国粮农组织，数据看世界网，威望经济公司，未来主义研究所

威 望 经 济 公 司　　　　　　　　　　　　　　 FI　未 来 主 义 研 究 所

图 6-4　1961—2018 年全球屠宰的肉用动物[5]

　　这意味着将来会有大量需要屠宰的动物。如果未来几十年里，由于过度捕捞、海洋污染加剧和海洋温度升高导致渔业产量下降的话，这个数字可能还会更高。

　　为了生产未来几十年所需的肉类，除了需要屠宰的动物数量这个因素之外，还有其他几个需要考虑的因素，如土地使用、能源效率和温室气体。

　　如图 6-5 所示，尽管家禽肉比其他肉类的生产效率要高得多，但未来几十年所需的家禽数量惊人，几乎是目前水平的两倍。对于其他消耗更多土地的肉类来说，情况可能也是如此。实际上，随着全球财富的增长，对各种肉类的需求可能都会上

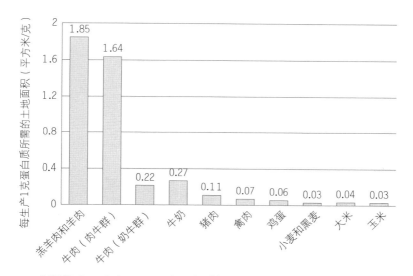

数据来源：Poore, J., & Nemecek, T.（2018），数据看世界网，威望经济公司，未来主义研究所

威望经济公司　　　　　　　　　　　FI　未来主义研究所

图6-5　按蛋白质类型划分的土地使用情况 [6]

升。这将带来土地使用面积方面的问题。

　　家禽的高能源效率也使其继续成为蛋和肉类的蛋白质来源，如图6-6所示。牛肉可能会变得越来越稀少，因为牛肉对应的饲料种植面积和土地使用需求比其他肉类要高得多。

　　此外，牛肉是各种蛋白质来源中最大的温室气体制造者，如图6-7所示。禽肉和禽蛋再次排在名单的后面。这应该也是有道理的，因为一个多月的时间里就能得到禽肉，但喂养一头牛却长达两年。

　　因此，养牛只不过是花更多的时间消耗粮食、水、空间，

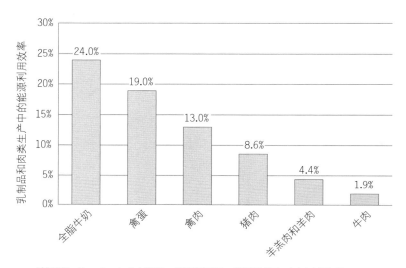

数据来源：Alexander et al.（2016），数据看世界网，威望经济公司，未来主义研究所

威望经济公司　　　　　　　　　　　　　　　FI　未来主义研究所

图 6-6　节能肉类[7]

并产生温室气体罢了。

　　这并不是说牛肉或其他肉类将在全球范围内被禁止，但如果气候变化问题继续成为影响企业积极性的关键，那么一场针对牛肉的战争可能会随之而来，比如对牛肉征收碳税，以及企业反对在会议和活动中供应牛肉。

　　对牛肉的抵制可以从各种食品中去除这个造成温室气体排放的罪魁祸首，但这并不能解决真正的问题，即全球人口的增长和全球财富的大幅增长。这些增长都是事实，就像人们需要吃东西，需要摄入蛋白质一样。此外，肉类是中产阶级财富的

每生产100克蛋白质产生的温室气体排放量

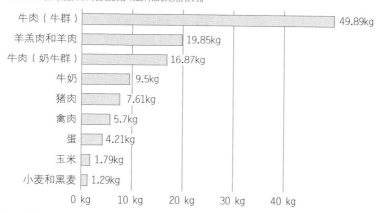

温室气体排放量以生产每100克蛋白质的二氧化碳当量(kgCO$_2$-eq)千克计算的。这意味着非二氧化碳温室气体根据其相对变暖的影响进行加权包括在内。

牛肉（牛群）	49.89kg
羊羔肉和羊肉	19.85kg
牛肉（奶牛群）	16.87kg
牛奶	9.5kg
猪肉	7.61kg
禽肉	5.7kg
蛋	4.21kg
玉米	1.79kg
小麦和黑麦	1.29kg

注：数据展示了全球粮食生产平均温室气体排放量，其依据是对119个国家38700个商业农场的粮食生产进行的数据大型元分析

数据来源：数据看世界网，威望经济公司，未来主义研究所

威 望 经 济 公 司

FI　未来主义研究所

图 6-7　按蛋白质类型划分的温室气体排放量 [8]

配备之一，在某些地方牛肉尤其如此。这意味着，即使考虑到外部性定价因素，未来社会对牛肉的需求仍可能保持强劲。

第七章

"种"肉

　　所有的肉类数据似乎都指向同一个方向，那就是为了真正满足不断增长的全球人口的需求，我们需要找到一种方法，在不消耗两倍土地或产生两倍温室气体的情况下生产两倍的肉类。

　　如果肉类生产能够变得更高效、更环保，那将是双赢。如果解决蛋白质需求的方法仅仅是将地球上饲养的牲畜数量增加一倍，那么对地球的环境影响可能是毁灭性的。

　　幸运的是，目前正在制定科学计划，种植肉类、3D打印（三维打印）肉类[①]、将鱼类整合到水封闭循环设施中，以生产蛋白质，同时最大限度地减少水的使用和对环境的影响。这将是最重要的技术进步之一，不仅可以满足对卡路里和肉类蛋白质的需求，还可以实现可持续性。

　　尽管如此，对于许多人来说，肉类可以在实验室里制造或在家里打印出来，听起来还是很令人震惊的。我知道第一次

---

① 在3D打印机上使用某些蛋白质原料，成功复刻动物肉的肌肉、脂肪等质感。

听到这个想法的时候，我想我不需要一群穿着实验室工作服的人在一个价值数十亿美元的实验室里制造我的汉堡。毕竟，真正的肉类相对便宜，而且牛可以在纯靠阳光和水生长的草地上吃草。

正如俗话说的，"人口决定命运"。这意味着不断增长的全球人口和不断增长的全球财富将导致对更多肉类的需求，而像这样巨大量的肉类需求可能不容易通过传统方式生产出来。此外，3D 打印肉不需要每年屠宰 1200 亿只禽类，更不用说数十亿其他牲畜了。

至于未来的人造肉会是什么样子，人们有各种各样的想法。据估计，2025 年的市场规模将达到 2.14 亿美元 [1]，但到 2040 年，全球超过三分之一的肉类将是"人工合成"的 [2]。

就环境影响而言，一项研究表明，实验室培育的肉类产生的温室气体比农场养殖的肉类少 95%，使用的土地少 98%，消耗的能源只有农场养殖肉类的一半 [3]。

第八章

水培和未来的土地

　　比起"打印肉"，更有可能的是在封闭的水培系统中收获鱼类，这听起来也真的很令人反感。这种系统包括长在水箱里的植物和鱼类，鱼吃植物的根，然后作为鱼肉被收获。此外，这些植物则从鱼的排泄物中获取营养，生长并产生可以收获的水果或蔬菜。

　　这还不是最精彩的部分。水培最好的地方在于，它们不仅能大幅减少用水量，而且只需要更小的空间，比其他选择更环保。不难想象，巨大的多层仓库里充满了这类自给自足的食物生产系统。

　　这将是对土地的更有效利用，同时也可以在没有种植植物所需土壤条件的地方提供新鲜食品，以减少或缓解高密度城市地区食物沙漠①的扩张。

　　水培和实验室培育的肉类可能不是解决肉类和蛋白质需求长期趋势增长的灵丹妙药，但展望未来，在不给地球系统带来

---

① 指没有新鲜食品或新鲜食品价格极贵的地区。

巨大成本的前提下，蛋白质产量持续增长的趋势很可能无法满足未来三十年的全球需求。这将需要推动开发蛋白质的替代来源，否则将导致肉类价格上涨；当肉类蛋白质的价格高到非常离谱时，人们就会选择成为素食主义者，并通过食用豆类和谷物来获取蛋白质。

　　水培生产肉类的前景远远大于实验室培养肉类的方式，尽管目前水培主要是非肉类产品的生产。据专业人士透露，到2025 年，全球水培市场的价值将达 166 亿美元。[1]

　　水培生产肉类将会是实验室培养肉类市场的 8 倍。

数据技术

第九章

疫情后的电子商务

新冠肺炎疫情让世界接触到了电子商务。

当然，电子商务已经存在了十年左右，但在新冠肺炎大流行和经济停摆期间，人们才真正了解到电子商务是什么以及它能做什么。基本生活用品的严重缺乏，以及无法离开自己的家，导致人们想出了送餐服务（外卖）之类的办法。

从各种角度来看，电子商务是许多人向数字生活转型的关键部分。对于很多人来说，从通勤和跑腿的生活转变为远程工作和远程生活的可能性已经存在。我和妻子使用应用程序在线订购食品等杂货已经有一段时间了，但2019的新冠肺炎疫情是一个转折点，这段疫情让社会上的其他人弄清楚了如何让食品杂货店送货，并完全接受了从乐器到健身器材和衣服的所有在线订购。在网上订购的所有东西中，食物是最关键的。

近年来，电子商务零售商的增长趋势逐渐加快。如图9-1所示，这一趋势在2020年以前的20年里一直在稳步增长。这一数据也反映出，在2020年第二季度，这个增速大幅飙升。在2019年新冠肺炎大流行和停工期间，电子商务零售额从

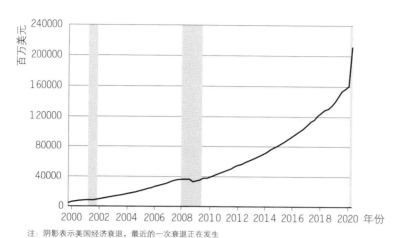

注：阴影表示美国经济衰退，最近的一次衰退正在发生

数据来源：联邦储备银行，美国人口普查局，威望经济公司，未来主义研究所

威 望 经 济 公 司 ⎯ FI 未 来 主 义 研 究 所

图 9-1 电子商务零售商的零售额[1]

2020 年第一季度的 1604 亿美元大幅上升至 2020 年第二季度的 2115 亿美元。

为了说明这是一个多么大的变化，请看数据：在 2007 年第四季度上一次经济衰退开始时，主要由电子商务零售商提供的零售额只有大约 360 亿美元。而 2020 年第二季度比第一季度的电子商务零售商销售额就增加了 511 亿美元。换句话说，上一个经济周期不可能发生这么大的电子商务零售增幅。

如果我们在 21 世纪中后期遭遇新冠肺炎疫情和经济停摆，社会混乱将会更加严重，美国的供应链和电商零售商将无法像 2020 年那样，加快步伐满足消费者的需求。

2020 年第二季度，电子商务在零售总额中所占的份额也要大得多。在图 9-2 中，可以看到曾稳步增长的百分比份额从 2020 年第一季度的 11.8%，在第二季度突然飙升至零售总额的 16.1%。这些增长是显著的，且第二季度的增长可能不会轻易逆转。对于大多数人来说，他们购买商品只在乎其实用价值，自然不会轻易放弃电子商务的便利性。

这意味着重视时间和便利的人可能会继续从主要的电子商务零售商那里消费。

关于这些数据，还有一点值得引起进一步的注意。

这些电子商务数据甚至没有给出那些非电子商务零售商通

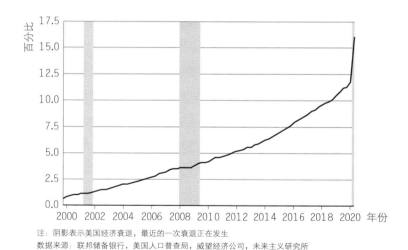

注：阴影表示美国经济衰退，最近的一次衰退正在发生
数据来源：联邦储备银行，美国人口普查局，威望经济公司，未来主义研究所

威 望 经 济 公 司　　　　　　　　　　　FI　未 来 主 义 研 究 所

图 9-2　电子商务零售额占零售总额的百分比 [2]

过电子商务在线上的零售情况。它们只是反映了以电子商务零售商为主的公司的销售情况。换句话说，电子商务的影响可能比这些数据所反映的要大得多。毕竟，超市和其他主要经营实体店的商店并没有出现在这个数据中。

我预计更多的电子商务将由专门从事电子商务的零售商完成，但我也预测更多的零售商将使用电子商务渠道向他们的客户交付货物。食品曾经是最不受电子商务影响的行业之一，但现在情况已然不同。我预计，在新冠肺炎疫情之后，未来电子商务食品配送将占食品销售的相当一部分比例。

第十章

用数据释放价值

新冠肺炎疫情和经济停摆大概终于让我们迎来了数据文化。那些可能本不情愿接受新技术的高层领导们被迫跨越了技术的卢比孔河①。新世界的关键技术之一就是数据，在食品和农业企业以及全球许多其他行业中都是如此。

早在 2018 年 10 月，我参加了一场演讲，在那次演讲上，一位谷歌公司的高管指出，2016 年至 2018 年收集的数据量超过了人类历史上所有创建和收集的数据量 [1]。

如果数据集对于我们所掌握的计算能力来说过于庞大，那么计算机数据分析瘫痪的风险是真实存在的。现在，当被迫比新冠肺炎疫情时期更多地接纳了新技术之后，我们的数据收集、汇总和分析能力可能会大幅提高。

拥有数据的价值不在于数据本身，而在于从你收集和分析的数据中得到的推断。这一切都需要大量的时间和精力，而且

---

① 又译为鲁比肯河（the Rubicon），是古代意大利和高卢的界河，现用以比喻无法退回的界限。公元前 49 年，恺撒违规带兵越过鲁比肯河，从而不可避免地引发了战争。

还需要硬件来处理数据。

数据量的巨大转变和增长的部分原因是数据处理和数据存储的硬件成本的大幅下降。这种情况可能即将结束——尤其是在处理能力成本方面，因为计算能力面临着一些潜在的限制。事实上，许多从事技术工作的人都会谈到一个很大的近期存在的风险，那就是摩尔定律的极限。摩尔定律是以英特尔公司创始人戈登·摩尔的名字命名的，意思是，处理器的性能大约每两年翻一倍，同时价格下降为之前的一半[2]。

这使得不断增长的计算机处理能力技术更强大、更便宜。计算机处理能力沿着摩尔定律发展的图形描述如图 10-1 所示，但摩尔定律正在瓦解[3]。算力增加而成本降低的情况已经不再发生了，事实上，现在唯一的解决方案是更多的处理器而不是更好的处理器。随着创建数据量的加速增加，这是一个非常大的问题。

毕竟，如果希望能够分析所收集的所有数据，就要有能够处理对应收集的数据量的处理器。随着数据量呈指数增长[①]，尤其是在物联网世界（IoT）中，这将成为一个更大的挑战。

目前，我们有计算机、平板电脑和手机组成的互联网。这些是具有互联网连接的主要设备，通过这些设备可以收集数据并执行任务。

随着传感器成本的下降，以及消费者对便利性的渴望和经营者的商业洞察力，将推动我们迎来物联网时代，届时许多东

---

① 原文是抛物线上升（to rise parabolically），此处按中文语境中的习惯表达改为"指数增长"。

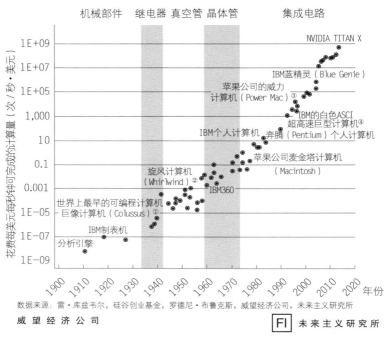

图 10-1   摩尔定律[4]

西都将连接到互联网，比如车、冰箱和办公室用品柜，而不只是计算机、平板电脑或手机。展望未来几年和几十年，农业生

---

① 世界上首台电子计算机，也称巨人机。

② 一款由麻省理工学院研制的早期电子计算机。引入了当时先进的实时处理理念，并最先采用显示器作为输出设备，拥有世界首款成熟的操作系统。

③ 通常指使用 PowerPC 处理器（CPU）（简称 PPC）的苹果桌面型电脑。

④ 即白色"提高战略运算能力计划（ASCI）"，这是一台超高速巨型计算机的代号，是美国商用机器公司（IBM）为美国能源部"提高战略运算能力计划（ASCI）"制造的，用于模拟核试验的超高速计算机。

产中使用的设备、家畜和厂房资产都将向一个涉及面更广的网络系统提供越来越多的数据。

前述每一个设备装置都将彼此相互作用、采取行动并生成数据。各种设备和设施将把农产品价格、作物、天气、牲畜、饲料、土壤、设备利用和维护等数据，提供给大规模操作和计算系统。

当所有这些农业设备和其他装置都连接到互联网时，获得的可挖掘和可分析的额外数据量将庞大得令人震惊。

随着 5G 技术在未来几年的普及，这种情况的发生将会加速。与未来的物联网数据相比，现有的数据收集和分析水平可能相形见绌。

不幸的是，在处理能力方面，如果没有量子计算等技术的进步，唯一可用的策略将是购买更多的处理器，而不是制造更便宜或更好的处理器。这在技术圈被称为一种"蛮力"解决方案[5]。技术专家、科学家和未来学家之所以使用这个词语，是因为购买更多的处理器并不具有创造性。

这是一个靠金钱而不是科学创新来解决的问题，只在问题上投入更多的处理器，而不是推动计算处理能力发生阶跃变化。当然，如果新冠肺炎疫情迫使无数行业进行数字化转型之后，数据量急剧飙升，那么暴力破解可能是短期内唯一的出路。

数据挑战各不相同

物联网设备将在未来提供比现在更多的数据访问。硬件可能会提供更强的处理能力，使分析成本更高或更低，这取决于通用量子计算能否迅速商业化。

数据分析的情况却是不同的。

在硬件上，可以想花多少钱就花多少钱，但这并不是数据分析面临的最大挑战。单纯投入更多的资金和处理更大量的数据是不够的，这无助于确保分析的准确性，并不能解决实际最大的数据挑战。

这就是我在第 12 章中讨论的量子计算将随着我们收集的数据量的急剧增加而成为一项关键技术的部分原因。

在农业领域，可用数据的数量已经令人震惊。毕竟，天气、农产品价格数据和作物生长数据早已大量存在。

数据资产

关于数据和商务之间的关系，还有最后一点需要考虑。目前，一些公司建有关于数据的资产负债表条目。这意味着美国未来农民（FFA）在谈论未来的农事和农业时可能需要更多地谈论数据。

对许多农业企业来说，将数据作为一种有价值的企业工具进行评估和考虑，可能会变得和田地里的设备或土地本身一样重要。农业和食品领域的上市公司可能会越来越依赖数据，在未来几年，该领域以及其他各种组织将数据作为一种决算表资产的做法可能会增加。

这意味着，在农业领域，数据不仅仅是专业人士和华尔街精英需要了解的东西，农民也需要更好地处理数据。数据作为一种资源，将对公司运营、战略规划和估值产生积极影响。

数据是一项有价值的公司资产，可能值得出现在正式的资产负债表上，这种观点已经存在一段时间了。鉴于新冠病毒大流行之后，企业越发乐意接受数据文化，而且投资者更有可能优先考虑数据的价值，并将其作为给各类企业（包括食品和农业行业）提供未来现金流投资的关键因素，因此在未来数据可能会被证明更有价值。

第十一章

区块链

除了数据外，另一项已经在食品和农业领域使用的技术是区块链，它的使用频率和普及程度也许会越来越高。在我们深入研究食品和农业的影响之前，让我们来看看区块链技术是什么，以及它可疑的声誉的起源，这种声誉应该不会妨碍它未来在食品和农业中的应用。

尽管区块链已经存在了十多年，但当人们谈论未来金融时，区块链往往仍然排在第一位。2017 年年底的加密货币泡沫极大地激发了人们对区块链的兴趣，那时交易者们会问：何时登月？何时兰博？（When Moon? When Lambo?）①

这句咒语意味着两个问题：

——加密货币的价值什么时候会登上月球？

——什么时候能用我的微薄投资买一辆兰博基尼？

区块链的意义远不止兰博基尼！围绕这个话题，人们有很多误解和困惑。

---

① 数字货币圈俚语，询问特定加密货币的价值何时会飙升。

区块链就像一个内燃机。就如同内燃机可以用于任何数量的不同车辆一样，区块链技术也可以。从本质上讲，区块链实际上是一种具有专门权限和数据共享的数据库，对企业和社会具有重要价值。

区块链在食品安全和保障方面尤其有价值。

与本书中的其他趋势和技术一样，区块链已经存在了一段时间。第一次使用区块链技术实现的官方比特币交易发生在2009年1月。更别说，原始的数据库和记录保存已经存在了几千年。事实上，一些最早的文字记录便是基于交易的记录。因此，推动交易记录保存的技术创新很重要，或者说，相关的记录保存技术将会不断改进，这一点应该不足为奇。

在2017年"登月"和"兰博基尼"出现后，公司纷纷对这一主题产生了兴趣。他们大多在2018年和2019年开始从实际部署和现实应用案例方面考虑接受区块链。这意味着，对于未来的粮食和农业，考虑部署和使用区块链作为记录保存和增加数据透明度的技术，以及用于数字支付目的的加密货币将在未来十年及以后不断发展。

然而，今后加密货币的发展也不太可能都是一马平川。这是因为加密货币区块链技术最初是为了绕过传统的金融体系和结构以及反洗钱（AML）/客户身份认证（KYC）①金融法规而设计的。

---

① AML: Anti money laundering，反洗钱；KYC: Know Your Client 或 Know Your Customer，客户身份认证，是 AML 的重要一步。

在分布式网络中效用最佳

　　这里有一些关于区块链的注意事项，有助于阐明其用处和目的。首先，区块链在分布式网络中工作得最好。分布式网络如图 11-1 所示。当有许多不同的参与方参与交易时，这些交易本质上是没有中央组织的。这就如同区域化企业的情况，或者像家庭成员消费他们的收入的方式，具有操作的独立性，但没有存储所有记录的自然中央存储库。

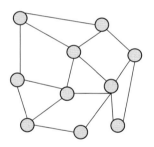

图 11-1　分布式网络

　　当然，可以为任何类型的交易创建一组记录并与分布式网络共享，但这在历史上被证明是笨拙的。任何曾经在大型项目的系列电子邮件中被抄送过邮件的人都知道跟踪每一次内容更新是多么困难，更何况有时还会更新不正确的文件而导致差错。

　　2007 至 2009 年，我在麦肯锡（McKinsey）公司从事管理咨询工作时，这被称为版本控制错误。在几乎任何项目中或与客户的交流互动时，这都是一个主要风险。

有时人们会更新不正确的文件，那么重要的文件就可能有内容不完整或被改写的风险。这些被错误地更新的文件随后将需要复杂的核对和审查。这在会计工作中也是一个问题，这就是为什么对审计来说，跟踪财务文件是至关重要的。对于审计人员来说，通过适当的抽样和测试来确保数据的一致性，是为了找出由于记录保存不当而产生的各种问题——这些记录在分布式网络中更容易出错。

当然，云计算设计的目的就是解决分布式网络中记录保存时可能遇到的风险。在云计算技术中，不同位置的人可以编辑在共享位置更新的文档。这些文件通常保存在一个集中的位置，并不总是保存一个易于跟踪的记录，比如谁更新了什么，什么时候更新的。在某些方面，这使得云计算像一个集中式网络（见图 11-2），所有权限和数据都保存在一个地方。

这也意味着网络很容易受到中心点故障的影响。中心点故障风险就是由于记录被保存在一个中心点位置（比如多宝箱①或谷歌硬盘②）而面临的风险，如果多宝箱或谷歌硬盘由于技术问题而停止工作，那么就无法访问想要访问的文档，文件和记录保存系统都会失效，尽管这并不是个人的过错，至少暂时还不是。

① Dropbox，一款由 Dropbox 公司运行的在线存储服务，提供同步本地文件的网络存储。

② Google Drive，谷歌公司推出的一项在线云存储服务，用户可获得一定量的免费存储空间。

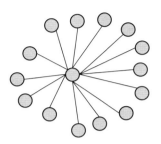

图 11-2　集中式网络

区块链技术不同于云计算，因为它被明确设计为允许分布式系统中的人们接收更新后的、已完成交易的永久台账。它的设计是为了减少中心点故障风险。在追溯食品和农产品时，知道它们的位置和曾经的位置对食品安全至关重要。

安全性并不是区块链最初的用户所关注的。毕竟，他们专注于整个加密货币领域——还有那些该死的"兰博基尼"！但在我们讨论加密货币之前，让我重申一下，区块链是在永久性分布式台账中为比特币和其他加密货币提供动力的技术引擎。

区块链还可以为许多事情提供动力，包括追溯农产品信息以及使它们的交易和记录保存更便利。

加密之《虎胆龙威》①

也许是因为中本聪这个名字是假的，听起来像日本人；也

---

① 《虎胆龙威》(*Die Hard*)，是好莱坞经典动作 / 犯罪题材系列电影"虎胆龙威"的第一部，1988 年上映，由著名影星布鲁斯·威利斯主演。

许是因为人们使用加密货币进行身份不明的匿名交易。这让我想起了另一个听起来像日本人的假名字：中富广场。

中富广场也不是一个真实的地方。

这是第一部《虎胆龙威》的故事发生的地方——电影中的反派、小偷兼恐怖分子汉斯·格鲁伯（艾伦·里克曼饰演）试图窃取不记名债券。

什么是不记名债券？

这是真正有趣的地方：不记名债券是一种不再存在的债券。被称为不记名债券（bearer bonds），由持有（bear）它们的人拥有的。

如果你拥有它们，它们就归你所有。如果你没有拥有它们，它们就不是你的财产。

美国的不记名债券如图 11-3 所示。

不记名债券最早是在 19 世纪下半叶美国发行的，但在 1982 年停止发行了[1]。今天，它们几乎绝迹了。

原因是什么呢？是反洗钱。

正如大多数金融人士所知，反洗钱（anti-money laundering，简称 AML）是指政府和金融机构采取的一系列法律措施，通过使资金难以转移、隐藏和使用，防止和阻碍恐怖分子、犯罪分子和其他不良行为者从事违法活动。

那为什么这些债券能如此方便地用于洗钱呢？因为这些债券是由持有它们的人（即持票人）拥有的，并且兑换它们时不需要交易账户，也没有电子或纸质记录，因此可以用一种无法

图 11-3 美国政府不记名债券 [2]

追踪的方式对它们进行买卖和交易。

　　这意味着不记名债券可以用于洗钱和其他各种非法的事情。这就是电影《虎胆龙威》中的反派想要得到它们的原因，因为它们无法被追踪，而且可以被用于非法活动。

　　由于没有任何记录保存，不记名债券可以很容易地用于非法商业而不用担心被发现，因为买卖它们不需要进入大通银行（Chase Bank）的分行或登录富达（Fidelity）的交易账户。毫不夸张地说，你可以把一箱钱交给一个歹徒或恐怖分子，相应地，他会给你不记名债券。

那么，为什么不记名债券让我想到比特币和《虎胆龙威》之间的关系呢？这很简单：比特币和其他加密货币可以匿名使用。隐姓埋名！它们是数字版的不记名债券。

就像之前的实物不记名债券一样，这些数字不记名债券只由拥有数字密钥的人持有，它们可以被用于罪恶的目的。尽管不记名债券由于"反洗钱"举措而几乎绝迹，但对加密货币的监管却严重滞后。比特币和加密货币正在崛起，尽管它们很容易违反反洗钱法，但它们在大多数国家并未被取缔。

当然，加密货币的讽刺之处在于，非政府货币的想法最初是奥地利经济学家和信奉自由市场的自由主义者的愿景。尽管这些自由主义者可能会称赞在政府管理之外操作货币的自由，但如果他们的比特币被盗，警方和联邦调查局肯定会是他们第一个打电话求助的人。

一切关于数字货币向警方的求助可能都是徒劳的。毕竟，尽管台账上的交易记录是永久性的，但由于加密货币内置的匿名性，它们很难被追踪。即使改进取证技术可以帮助追踪利用永久台账记录的非法加密货币，在交易发生时阻止其交易仍然是不太可能的。

因此，当经济理论界的理想主义者们梦想着加密货币带来的自由时，世界上的汉斯·格鲁伯们——包括"伊斯兰国"

（ISIS）[①] 等极端组织、无政府主义者、政治危险分子、有组织犯罪分子和其他数字黑社会——正为这些梦想的无知和天真而欢欣鼓舞。

政策制定者心知肚明

幸运的是，政策制定者和政府已经发现了加密货币作为匿名手段，可能被不良人士用于规避监管的潜在问题。

国际货币基金组织总裁克里斯蒂娜·拉加德（Christine Lagarde）在一场名为"恐怖主义融资：打击基地组织和达伊沙的另一场战争"的会议上就加密货币的话题发表了讲话。

在 2018 年 4 月 26 日的活动中，拉加德谈道：

金融科技可以通过加密资产的匿名性来促进和资助恐怖主义。如果有效利用，金融科技也可以成为打击恐怖主义及其融资的有力工具[3]。

被视为央行中的央行的国际清算银行在 2018 年 6 月指出：

它们缺乏一个可以被纳入监管范围的法律实体或个人。加

---

① 即"伊拉克和大叙利亚伊斯兰国"，前称伊拉克和沙姆伊斯兰国（Islamic State of Iraq and al-Sham，简称 ISIS），是一个活跃在伊拉克和叙利亚但被联合国认定为极端恐怖组织的集团。

密货币生活在自己的数字、无国籍领域，在很大程度上可以与现有的制度环境或其他基础设施隔离开来。它们的法定存储地——如果它们有的话——可能在海外，或者根本无法查实。因此，它们只能受到间接监管[4]。

最重要的是，加密货币存在于法律框架之外，它们的匿名性为恐怖主义融资提供了便利。

2020年8月，美国政府从基地组织和其他两个利用社交媒体吸引加密资金的恐怖组织的300多个账户中查获了数百万美元的加密货币[5]。

目前，加密货币的故事还没有完全展开。要获得监管机构的批准，仍有许多问题需要回答，谁也不能保证它们会得到完全的认可。此外，任何试图规避或颠覆当前占主导地位的全球金融结构的加密货币，可能会发现自己在未来很长一段时间内都令监管部门恼火。加密货币含糊不清的性质，是脸书（Facebook）公司在2019年创建天秤币（Libra）作为自己的加密货币的计划受到立法者和监管机构如此密切关注的原因之一[6]。

评估区块链的未来潜力

区块链的潜在影响比大多数人想象得要大，但远没有少数人想象得那么大。尽管许多人认为区块链只是加密货币，但这只是冰山一角。这是我在2017年3月的美国西南偏南（SXSW）

大会①上演讲的关键部分，也是我在 2019 年 3 月的 SXSW 大会上为"区块链的承诺"专题会所选读的一本书的最重要内容。

区块链技术对企业供应链——物流、运输和货运——的影响将是巨大的。还有许多其他行业，比如金融和农业，它们所有权的托管链和良好的记录保持可能会为区块链提供重要的价值取向。

毕竟，区块链允许永久的分布式台账，如果用于私人商业活动，它可以提供来源、内容和保管的即时透明度，这通常是冲突矿产②、化学品或化学成分，或者其贸易的监管框架所要求的。此外，从公共卫生和安全的角度来看，这种透明度也具有重要价值，就像农产品和食品安全一样——这一领域一直处于区块链使用和采纳的前沿。

区块链在许多不同行业和企业领域增加经济价值的潜力是巨大的，但不同行业的情况并不相同。此外，在某些情况下，部署区块链的投资回报率可能不存在。总的来说，区块链的最大价值定位似乎是存在需要缓解的供应链风险或健康和安全问题的地方。

---

① 西南偏南大会和艺术节（the South by Southwest (SXSW) Conference and Festivals），是一个每年都在美国得克萨斯州 (Texas) 举办的世界上规模最大的音乐盛典，聚焦科技与艺术相结合的多元创新。

② 冲突矿产是指在武装冲突和人权侵犯的条件下开采的矿物，一般指来自刚果民主共和国非政府军事团体或非军事派别所控制冲突地区的矿区生产的金（Au）、钽（Ta）、钨（W）和锡（Sn）等金属矿物。

转型期资产最佳用例

　　使用区块链对长期资产进行记录保存的价值定位低于移动资产。无论我们谈论的是经常在投资、市场和各方之间流动的金融资产，还是以实物形式流动的资产，都是如此。这影响了未来主义研究所对区块链使用潜力的评估，如图 11-4 所示。

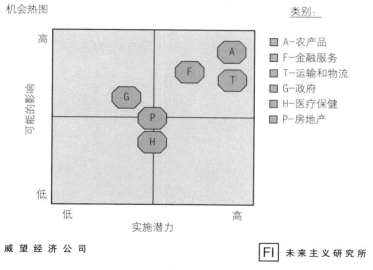

图 11-4　按部门划分的区块链潜力评估

　　除了推动区块链用例和价值定位的流动因素外，由于现行的监管要求和主导的法律框架，特别是在美国，区块链在某些行业的潜在用途也受到限制。

这就是为什么区块链在医疗保健、房地产和政府数据方面的应用可能较为有限。这也解释了为什么区块链在农产品、运输和物流以及金融服务领域的应用潜力巨大。

未来主义研究所的区块链评估

作为未来主义研究所的主席，我主导了一项跨行业区块链的企业和商业机会的分析和研究。各个行业的概况如图 11-4 所示，农产品在高影响和高潜力列表中名列前茅。让我们来看看为什么区块链在农业和食品领域可能比区块链在金融领域更有影响力。

未来主义研究所的农业评估

当谈到区块链的使用和潜力时，金融受到了很多关注，但区块链应用潜力最大的行业之一是农业领域。与金融和运输领域一样，农业中的应用案例和价值定位与交易频率有关。

当然，区块链不会帮忙更快地挤奶或种植玉米，但是，通过区块链了解食品的保管情况，以及拥有一个促进贸易和交易的清晰供应链对追溯食品的来源很重要。

区块链在农业中的高公共价值和经济价值是有案可查的。每当出现某种食品污染，食品安全就会成为一场全国性的危机，因为受影响产品的确切来源不清楚。

　　在我看来，这是荒谬的。如果我能追踪到我在网上订购的每一瓶洗发水或每袋狗粮，我们怎么就不能追踪到每袋沙拉、每盒麦片和每颗鸡蛋的来源呢？为什么我们还没开始这样做呢？

　　令人震惊的是，食品来源缺乏透明度，按理讲应该已经就位了。即使我们忽略了对公共健康的影响，追踪食物来源也有巨大的经济价值。毕竟，每次出现大肠杆菌食品污染问题，数百万美元的食品就会被简单粗暴地处理掉。

　　这在很多层面上都是浪费。区块链可以帮助改善食品安全风险和经济损失风险，这反映在图 11-5 所示的未来主义研究所对农业和区块链的期待中。

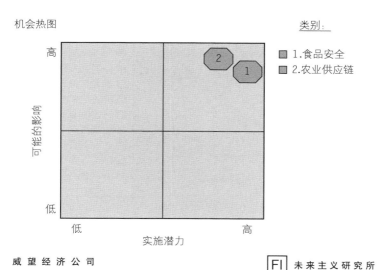

图 11-5　农业区块链评估

未来主义研究所对运输和物流的评估

在许多方面，食品和农业领域的区块链用例只是区块链在运输、物流和货运中用例的延伸，如图 11-6 所示。这些用例也适用于食品和农产品，尽管食品和农产品在其消费中有额外的安全成分，但比我们谈论区块链跟踪一堆 T 恤或椅子要更重要。

我们看到区块链在运输和物流方面的用例有两大领域，它们也可能对农业供应链有所帮助：增加实物运输和货物交换的便利性以及监管合规性。这两者都依赖透明的监管链和易于展示有关货物内容和来源的记录。

这反映了对公司交易的关注，从记录保存和商业角度来

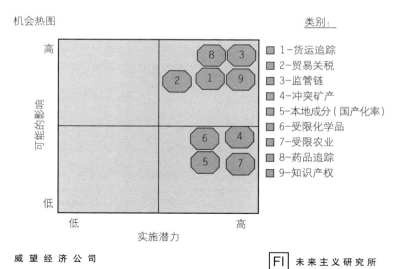

图 11-6　运输和物流区块链潜力评估

看，公司交易既是最高价值的，也是最重要的。换句话说，将区块链用于公司交易一类的目的可能会为大型实体以至整体经济带来巨大价值。

运输、物流和货运是经济学家所说的具有高度交易摩擦①的行业。这意味着人们需要大量的文书工作和费用来促进贸易和货物的实际流动和交换。这是区块链的理想用例，它提供了一个分布式记录，可以设置在预定义的网络中，以缓解和减少交易摩擦。总的说来，它将使货物的运输和交换更快、更便宜。

像金融一样，运输、物流和货运的交易也很频繁。这与有形财产的转让形成鲜明对比。这又回到了我们的论点，即区块链最大的潜在用例和价值来源将是那些存在大量交易的行业。

此外，与金融一样，货运和运输的某些方面也受到监管。

对使用某些化学品和冲突金属（conflict metals）②的制造限制尤其如此。此外，对于供应链中的一些高价值商品，如药品以及诸如倒三角零件和军事武器等某些制成品，假冒是一个严重的问题。此外，还有智能手机等高科技产品。区块链的使用可以提高这些产品供应链的透明度，减少潜在的欺诈，提高安全性，并为公司节省资金。

从监督和监管的角度来看，我预计区块链在交易监控方面的应用潜力很大，包括围绕食品和农产品的交易监控，如果2018 年开始的美中贸易战继续或变得更加严重，那将更为著。

---

① 通常是指在交易中存在的难度。

② 参见前文的冲突矿产（conflict minerals）。

"无须信任的信任"言过其实

人们经常把区块链称为一种促进"无须信任的信任"（Trustless Trust）的技术，但这言过其实了。区块链并不能百分之百保证所涉及的产品的追溯都是防篡改的或都是真品。

网络参与者仍然需要诚实和合乎道德的行为表现。如果网络系统中有不法分子，还是会产生不利的经济后果，就食品或农产品而言，可能会产生负面的影响健康后果。这意味着，如果我们绝对信任区块链，其后果可能比我们目前的系统的风险更大。

这并不意味着不应该使用区块链。区块链的应用，能改善记录保存，减少交易摩擦，并为公共卫生和食品担保与安全作出积极贡献。我们需谨记，每个系统中都存在着人为因素引发的风险。

希望与炒作

区块链技术提供了分布式信息和知识的希望和前景，可以降低成本，提高经济价值，并防止企业、政府和私人实体的信息和数据的巨大损失①。这些都是区块链在未来几年可能做出的

---

① 原文为"a Library of Alexandria-level loss"（亚历山大图书馆级别的损失）。古埃及王国的亚历山大图书馆曾被认为是当时最为璀璨的智慧汇集，支撑着古埃及文明形态，但古罗马人入侵时烧毁了亚历山大图书馆，造成其所藏典籍全部付诸一炬。

一些最大贡献，也是我的《区块链的承诺》一书的重点。

虽然区块链仍被视为炒作，被视为一种赚"兰博基尼"的手段。毕竟，它一直与不确定的加密货币世界以及世界史上最大的投资泡沫联系在一起。然而，区块链有可能以积极的方式对许多行业产生重大影响，尤其是农业和食品生产以及供应链和消费。

这就是为什么我说区块链是一种新兴的颠覆性技术，我认为它将在未来十年影响粮食和农业。

注：图片来源于知识和艺术大师画廊[7]

第十二章

量子计算

量子计算有望在未来十年引领计算领域的变革，包括在粮食和农业领域。

基本上说，2020 年的所有计算机都使用 1 和 0 的二进制计算程序。这些 1 和 0 构成"比特（位）"（bits），代表二进制数，但量子计算中它们不只是 1 和 0，而是通常被看作象征着比特的"开"或"关"。在量子计算领域中，有一些比特（位）的状态介于 1 和 0 之间，称为"量子位"（qubits），它们可以开或关，也可以同时处于开、关状态。

量子计算的影响如何？在计算过程中增加额外的存在状态可能听起来一般，但这对计算能力的指数级影响绝对是巨大的，这就是为什么它对食品和农业、供应链、金融、区块链等各种技术的未来很重要。

量子计算将被证明是一个关键的技术变革，它将对商业、科学、通信、网络安全和国家安全产生重大影响，但量子计算要想实现真正的商业化，还存在诸多限制、风险和挑战。

虽然一些行业将受益于特定的新兴技术，但是量子计算有可能以通用的方式影响广泛的行业，就像其他类型的计算机一样。

与经典的非量子计算机一样，一些行业将从更先进计算能力的使用和其提供的优势中获得远高于成本的好处。最有可能受益的行业是那些需要大量分析数据的行业。

由于其数据量大的性质，金融很可能是早期、不对称地受益于量子计算机的领域之一，量子计算机被用来分析金融市场。这将影响农产品市场、贸易和价格动态。此外，量子计算对于天气预报和本章后面讨论的其他农业活动也至关重要。

量子计算的最大障碍是其需要软件和硬件两方面的改进。事实上，目前量子计算面临的最大物理挑战之一是温度，因为真正的量子计算机需要在接近绝对零度的温度下运行。

这意味着量子计算机面临着巨大的物理和材料科学的挑战。

此外，这并不意味着有一天你会在家里拥有一台被冷却到接近绝对零度的巨大的量子计算机。量子计算处理器更有可能通过"量子即服务（QaaS）平台"[①]框架进行远程访问，和许多其他基于云服务的技术和应用程序一样。

当然，你也有可能拥有利用模拟或光量子计算机技术的现

---

① 英文全称为 quantum as a service platform，计算服务商对客户提供的量子计算服务，包括可通过云服务远程访问的量子处理器、用于设备表征的测试台，以及为客户提供制造服务的代工厂。

场室温协处理器。但这仍与真正的量子计算有所不同。

在最高价值的用例中，重要的是要记住量子计算不仅可能有用，而且是必要的。数据正在以极快的速度被创建，尤其是在新冠肺炎疫情时代的社会大规模数字化转型之后。随着数据收集的增加，用更多的分析和更好的方法来解析海量数据的含义将是至关重要的。

数据的指数级创造速度，特别是随着物联网连接性的扩展，将亟需计算的变革，以便从越来越大的数据库中获得有意义的启示。换句话说，量子计算可能成为高级预测分析和人工智能所必需的要求。在不久的将来，量子计算可能不再是用或不用都行的状态，而是成为数据分析的必要条件。

量子计算还可以帮助我们推动科学和医学理论的发展，这些新理论很难通过面板数据[①]看出，因为面板数据已经摸到了当前计算和统计处理能力的极限。量子计算也可能带来一些关键的科学见解，从而支持农业生产和供应链活动。

重要的是，对量子计算机，需要问出正确的问题才能得出正确的结果。量子计算不是以确定性的非概率方式运行的，量子计算是一种非确定性、概率性的过程。这意味着如果你输入数据，经过量子计算后会给出错误最少的答案。如果我们能做到问出正确的问题，量子计算可能会成为数据研究、商业活

---

① Panel Data，又叫"平行数据""综列数据"，是截面数据与时间序列数据综合起来的一种数据类型。其有时间和截面两个维度，当这类数据按两个维度排列时，是排在一个平面上，整个表格像是一个面板。

动、农业和供应链优化、科学研究乃至整个社会的金矿。

量子计算对世界也不是没有风险。量子计算可能会给区块链技术、加密货币和各种加密技术带来灾难性的风险。考虑到量子计算的非确定性概率分析，人们普遍认为，量子计算最有潜力的用例是破解加密，使当前所有形式的网络安全失效，并带来无数威胁。

除了可能关注所有企业、政府和个人的网络安全风险外，大多数人不会直接关注量子计算带来的其他变化。毕竟，大多数个人电脑用户并不了解半导体。对于大多数人来说，量子计算的发展可能会被忽视。

从量子计算中可能受益的行业

作为未来主义研究所的主席，我主导了 2018 年对各行业量子计算的企业和商业机会的分析和研究。研究概述如图 12-1 所示。我们确定了一些可能从量子计算承诺的计算能力中受益的行业。这些行业大多都需要处理海量数据。

我们确定的行业包括：金融、政府、运输和物流（如电子商务）、能源、医疗保健和农业。虽然农业不太可能是受量子计算影响最大的领域，但粮食和农业在其金融和供应链方面，依然会受到量子计算的很大影响。

许多用例都是纯理论的，因为在商业规模上具有广泛适用性和与经典计算集成的通用量子计算机尚不存在。此外，出于

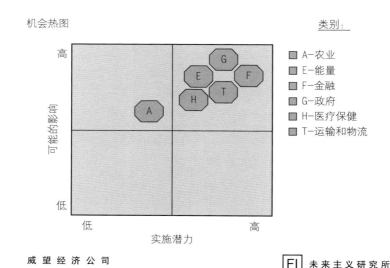

图 12-1   不同部门的量子计算潜力评估

我们的分析目的，我们排除了硬科学①、工程和数学用例，尽管这些用例可以从量子计算中受益，并具有大量的研究和科学意义，但它们也许需要更长的时间才能对专业人士、企业和整个经济产生影响。

对于此处考虑的这些主要行业，我们密切关注了已经存在的数据预测分析、机器学习和人工智能解决方案的用例。我们的结论是，如果量子计算完全商业化，那量子计算可以将这些应用实践提升到一个新的水平。有了量子计算，真正的人工智

---

①   物理和计算机科学领域常被称为硬科学，而社会科学和类似领域常称为软科学。硬科学强调的是这些领域的精确性和客观性，依赖于可计量的经验数据和科学方法，其因果关系较明确。

能有可能会成为一种更容易实现的技术。

未来主义研究所对农业领域的量子计算应用评估

　　量子计算机在食品和农业上的应用相当广泛。一些用例在增值列表上的位置较低，而另一些用例可能具有显著的影响。图 12-2 中展示了七个潜在用。

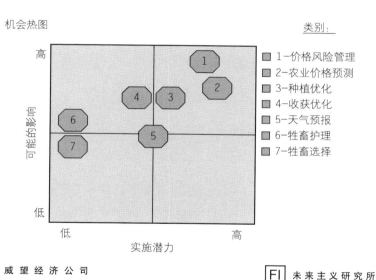

机会热图　　　　　　　　　　　　　　　　类别：

- 1-价格风险管理
- 2-农业价格预测
- 3-种植优化
- 4-收获优化
- 5-天气预报
- 6-牲畜护理
- 7-牲畜选择

威 望 经 济 公 司　　　　　　　　FI　未来主义研究所

图 12-2　食品和农业领域的量子计算应用潜力评估

　　量子计算在农产品价格风险管理和价格预测中的应用的影响可能最为突出。与其他金融市场一样，量子计算机处理海量价格数据的能力比现有计算机系统更强大。

　　量子计算对粮食和农业的增值作用并不仅限于金融市场风险管理和价值预测。

　　在农业领域也有量子计算的业务运营用例。量子计算可以优化种植和收获过程。这也能与市场预测、全球需求预期和财务回报相结合。我们甚至有可能使用量子计算来优化食物分配，以最大限度地提高食物分配数量[①]并限制浪费。

　　此外，还有其他几个领域可以实现量子计算，尽管这些领域的实现概率较低、影响较小。

　　天气预报、牲畜护理和牲畜选择也在图中。这些用途可能价值相对较低，但量子计算在理论上也能在某种程度上产生影响。

需求门槛

　　对于大多数公司来说，近期投资量子计算或安装量子计算机是不必要的——即使这是一种选择。这些事情现在不值得费那么大劲儿去做[②]，而且做了还可能过犹不及。因为目前还没有一个足够高的需求门槛。

　　此外，现在还没有商业化的软硬件，更不用说非常好用的企业界面或依赖量子计算的任何应用程序了，所以目前量子计

[①]　原文是"质量"（quality），译者推测这里应是"数量"（quantity）。

[②]　原文：The juice might just not be worth the squeeze，引申意思为"这事不值得费那么大劲儿做"。

算还无法满足任何特定个人或行业的需求，但随着量子计算技术的进步，它们应该会出现。

当大多数人想到量子计算的附加值时，他们一般不会先想到农业。然而，由于金融将是未来十年及以后采用量子计算的前沿领域之一，农业市场和大宗商品价格预测可能会成为采用量子计算的重要组成部分。

此外，量子计算有可能使数据处理和计算能力发生重大变化，这也可能对农业运营和食品供应链产生影响。

正如我在《量子：新计算》（*Quantum*：*Computing Nouveau*）一书中所指出的，量子计算将是一种新的计算方式，对拥有海量数据的领域至关重要。然而，对许多人来说，这些发展可能在很大程度上被忽视了。尽管如此，这项技术很可能在未来十年及以后影响粮食生产和农业的未来。

物 理 技 术

第十三章

自动化

2020 年 1 月，我主持了一个研究项目，研究未来的供应链和电子商务。一个自动化解决方案的委托人来找我，因为他们的客户对电子商务的未来发展和进步持怀疑态度。对此，我感到震惊，坦白说，我无法相信人们竟然认为电子商务和自动化的前景已经完全发挥出来了。

对我来说，担忧这个问题毫无意义。

我搜集了研究资料，精心做了预测。由于我在电子商务、物料输送和供应链领域工作了五年多，对一些将塑造我们未来经济的动态变化和技术有相当深入的了解。事实上，自动化、机器人和人工智能技术一直是未来主义研究所年度机器人与自动化年鉴的亮点。我主持的这个研究项目是对电子商务进行了一组非常大胆的预测。这些预测还是在截至 2020 年 1 月的数据的基础上做出的样子。

在新冠肺炎疫情封锁过后，最新的电子商务数据表明，现在的发展已远远超出了我们未来主义研究所迄今为止对自动化电子商务的大胆预测。

未来还会有更多发展，随着电子商务水平的提高，对自动化的需求将比以往任何时候都大。

将货物从工厂、仓库和配送中心取出并送到消费者手中的自动化解决方案的需求越来越大。这也包括"最后一公里"的问题，该问题在未来十年将变得越来越重要。

自动化技术已经部署在了仓库和配送中心的整个供应链中。我们已经这样做并且还将继续这样做，这将是实现电子商务承诺的高效手段，但这只是自动化庞大拼图的一部分。

在供应链的交付端，我们可能会看到无人机、自动驾驶汽车和其他自动化运输工具交付工业品、商品或消费品。这可能包括一群大型工业无人机协同工作，将重型工业设备运送到偏远地区，或者由一群无人机执行农业任务。

所有这一切都表明，农业和食品供应链将需要更多的自动化，尤其是那些重复性的、可预测的、危险和耗费体力的工作。

我们可能会看到实体机器人在整个供应链中的应用——尤其是随着软件和硬件的改进和成本的下降。我们也可能看到企业更积极地部署数字自动化解决方案，将其作为"机器人过程自动化"一词下一个系列技术的一部分。

对供应链的颠覆性影响

与其他发展领域一样，自动化技术主要呈现正面、有利的发展潜力，但也存在一些负面的风险。有利的一面是，自动化提高了效率和货物流动的速度。

自动化还提高了制造或交付货物的能力，而以前这些货物的制造过程复杂或交付过程昂贵。自动化还可以确保工业、商业和零售货物的交付更加稳定和有预见性。

在新冠肺炎疫情时，人们收到了有关工作人员送的食物，但许多人可能更愿意让机器人给他们送食物，因为这样可以降低感染新冠病毒的风险。

展望未来十年，人类劳动者的数量很可能会从农业和食品供应链中大幅减少。我们应该清楚的是，在提高速度、便利性和可预测性的综合作用下，增加自动化部署可以降低配送成本，提高盈利能力，同时提高食品安全——这在新冠肺炎疫情之前根本没有人会想到。

除了在整个农业和食品供应链中使用机器人外，用于食品和饮料行业的机器人的销售量也可能增加。这将是使新冠肺炎疫情和未来任何流行病的传染风险下降的另一种方式。

此外，使用机器人从事这些工作也可以增加运营稳定性。毕竟，在餐馆工作的机器人不会生病，无须休息，也没有家庭紧急情况或者度假需要。这些动力一直在强化图 13-1 所示的机器人销售额的近期增长趋势。此外，我预计这些销售额将在未来十年以更快的速度继续增长。

尽管在农业综合企业以及整个食品和农业供应链中使用各种形式的机器人和自动化具有许多正面发展潜力，但自动化也

数据来源：全球统计数据库，威望经济公司，未来主义研究所

威望经济公司　　　　　　　　　　　　　FI 未来主义研究所

图 13-1　食品饮料行业中机器人装置的销售额[1]

带来了一些负面的风险。

　　最重要的是，并不是所有的公司都有相同的资金来为从信息时代过渡到自动化时代投资。向自动化时代过渡需要企业投入大量资本，这意味着这里会有赢家和输家。做出正确投资的公司将在未来获得更大的上升潜力，采用更快速的自动化解决方案可能会对利润产生复合影响。

　　在 2019 新冠肺炎疫情期间，我们看到了这种动态：那些通过电子商务渠道提供商品的公司能够实现增长和盈利。自动化带来的另一个需要考虑的风险是，美国可能会失去 220 万到 310 万个运输工作岗位。未来还会产生其他工作机会，但这些工作岗位损失可能会对许多个人和社会产生重大负面影响——虽然新冠肺炎疫情后通过将人工配送员从食品和农产品的"最后一公里"运送中剔除，公共卫生结果可能会得到改善。

第十四章

无人机

未来十年将被广泛部署的最重要的物理技术之一可能是工业无人机。它们很可能成为"最后一公里"解决方案的一部分，以满足美国（以及全球）不断增长的电子商务需求，尤其是在新冠病毒大流行之后。

这些自动驾驶或自动飞行的运载工具，可能会混合使用雷达和激光雷达将货物送到人们手中。工业无人机还将用于远程操作，修复基础设施，支持通常的业务运营，并从事农业和采矿业的体力活动。

农业劳动是一项艰苦的工作，无论是种植、收获、间苗或选择性宰杀，还是运输农业物资、农产品和食品，无人机和自动化物理机械都可能在未来十年及以后得到越来越多的推广使用。在美国供应链的大部分中游环节中，自动驾驶车辆已经得到了广泛部署，但这只是供应链的一部分。

经济供应链的上游和下游部分仍有待自动化。诚然，仓储和配送中心（以及其他操作上为二维空间的结构）之外的世界更难以预测，也更不稳定。

　　自动驾驶车辆和无人机的技术正在迅速进步。在供应链中使用自动化车辆的原因是，根本没有足够的人力通过供应链运输所有的货物，且人类工作的速度和力量远远比不上无人机和自动导航车这样的自动化机械。

　　粮食和农业领域也面临着类似的需求门槛。回想一下第五章的数字，我们需要找到一种在短短 30 年内多生产 44% 卡路里的方法。很明显，让人们带着耙子和锄头在地里干活并不能实现我们的目标，但是，更多自动化活动可带来效率的提高和产量的提高，从而有助于解决全球对卡路里的追求。

　　简而言之，农业的自动化程度可能会越来越高，以确保军情五处（MI5）[①]担心的四顿饭不会成为问题。（我只是在开玩笑）事实上，食品可能成为一个被更优先考虑的——甚至可能更昂贵的——问题，可能会在未来几十年吸引更多的资本进入这个领域，以满足越来越多的富裕的全球公民的需求。

　　在这本书出版的时候，大多数人大概认为飞行的无人机只是具有娱乐或媚俗用途的玩具，就是那种在新冠肺炎疫情之前，大概会在博克斯通（Brookstone）[②]买的某种节日礼物。

　　当然，从供应链的角度来看，未来最伟大的无人机不会只有 12 英寸（约 30.5 厘米）宽，能够带着数码相机跟着你，在

---

① "军情五处"（Military Intelligence 5），即英国安全局，负责英国国内安全，正式名称为 the Security Service，是世界上最具神秘色彩的谍报机构之一。

② 美国创意生活零售商品牌，供应各种功能多、设计新奇、市面上较难找的消费产品。

Instagram 和 Snapchat[①] 上为子孙后代记录下你欧洲度假的每一秒。

这种无人机的使用也会增加，但这些无人机不会破坏供应链，也不会解决"最后一公里"的挑战。与对经济产生重大影响的无人机相比，更好的选择是军用无人机。军用无人机经过改装，具有双重用途，可以将工业设备运送到偏远地区。

消费者的零售需求通常被认为是无人机最重要的用武之处，但翼展为 5 至 10 米（或更大）的这些两用工业无人机可能会增加更多的经济价值。无人机更有可能被用来通过远程操作运送大型设备，而不只是完成某人从网上订购的类似牙膏的小生活用品的运送操作。

采矿、伐木、捕鱼、耕作或其他农业活动都是如此。工业无人机可以让企业进入偏远地区进行农业生产。这些无人机可以帮助确保食品和农业供应链的安全，这是牧羊人和他的牧羊犬无法做到的。

当然，我们也会越来越多地看到无人机用于电子商务配送。在未来十年以及更久的时间里，它们大概既能在空中飞行也能在路上行驶。此外，它们除了单独使用，也能与道路配送中心的自动卡车或机载无人机母舰一起使用。

道路送货机器人可能首先部署在人口密集和相对平坦的城市环境中，但它们可能很快就会被大型自动送货车辆超越。

---

① 两款图片分享的社交手机应用程序。

　　它们最大的挑战将是"既然人类能把它制作出来，也能将其毁灭"①的观念。在努力实现其广泛应用的过程中，机器人也可能会受到高水平的盗窃和恶作剧的影响——尤其是在广阔的郊区和地形崎岖的地区。

　　无人机可能会在已经高度自动化的供应链的中游得到更多的应用，它们可以在仓库和配送设施中用于分拣和运送货物。

　　截至 2020 年中期，大多数在仓库和配送中心运行的无人机都是轮式的，并且在二维空间中运行。随着电子商务需求的增长，无人机可能会实现在这些设施中垂直升降。同样，如果这些设施的工业设计谋求无人接触式食品生产方法，那么无人机也可以部署在水培设施和新兴农业技术领域的其他部分。

　　与未来的其他颠覆性技术一样，无人机也将面临挑战。最大的风险之一将是无人机可能被黑客攻击，法律可能禁止工业和零售"最后一公里"无人机的开发。如果道路和天空挤满了无处不在的无人机，这种风险就更大了。

　　最后，在未来十年，无人机的供应链附加值也许不是"最后一公里"的解决方案，但无人机确实有可能对扩大全球供应链的覆盖范围产生重大影响，因为它可以增加进入以前难以抵达的地点和市场的机会。对于未来十年及以后的粮食和农业供应链来说，这将是一个非常有意义的展望。

---

① 　原文：if man can make it, man can break it。

可持续性和短缺问题

第十五章

环境、社会、治理与可持续发展

未来粮食和农业发展的一大趋势将是近期和未来推动将环境、社会和治理（environmental，social and governance，ESG）目标与可持续性结合起来，未来食品和农业很可能有巨大前景和社会挑战。

推动实现 ESG 目标是已经持续多年的趋势，在新冠肺炎疫情大流行和停工之后，许多公司大幅减少了碳足迹。人们出行减少、通勤减少，公司也有激励措施来展示 ESG 的进步。这可能会让许多人在家工作，并在新冠肺炎疫情恐惧消退后的许多年内导致旅行业的低迷。

随着全球人口的增长，全球卡路里需求的增加，以及全球蛋白质热量需求的增加，未来几十年发展将面临巨大的挑战。实现 ESG 目标是实验室人造肉和植物水培技术成为重要技术的关键原因之一。

当我们考虑环境的可持续性时，全球农业可能会在未来几十年被全球需求推到极限的边缘。与此同时，人们无法以合理的价格购买到新鲜食物的"食物沙漠"区域可能会变得更加普遍，这给社会带来了挑战。

如图 15-1 所示，2018 年激进投资者们[①]力图争取的目标和倡议的主要领域，包括气候变化（19%）、可持续发展（13%）、其他环境问题（7%）和政治活动（19%）[1]。如果将可持续性发展与气候变化和其他环境决议都视作环境倡议的话，那我们将看到，2018 年提交的所有激进投资者决议中有39%（多数）都和环境有关。

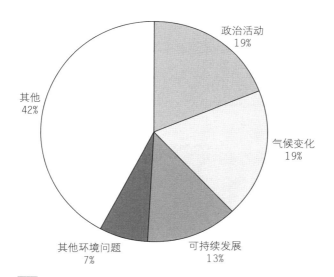

FI 未来主义研究所

图 15-1　2018 年激进投资者提交的决议类型[2]

_____

① Activist Investors，又译为"维权投资者"，是指一些对冲基金、机构的投资者，为捍卫自身权益，要求公司作出改变甚至插手企业决策。

　　激进投资者通常是大型投资者，他们利用股东权力推动公司在运营方式上做出根本性改变。他们的活动可以从根本上改变公司的行为方式和他们优先考虑的事情，这些活动一直在增加。事实上，在 2013 年至 2018 年期间，全球受到激进维权要求影响的公司数量增长了近 54%（见图 15-2）。在美国，情况也非常相似，2018 年受到维权要求的美国公司数量比 2013 年增加了 50% 以上（见图 15-3）。

　　虽然 ESG 激进分子可以以非常慎重的方式塑造未来，但这也并非没有成本。毕竟，将环境或社会的外部效应考虑在内的举措必然会带来额外的成本，理论上这也会侵蚀公司产生的利润。这是一个潜在的毒丸，激进投资者要求的有效性将取决

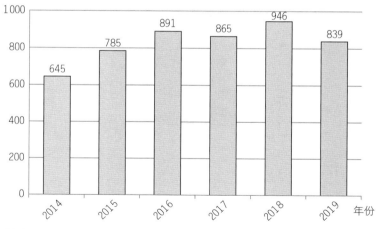

数据来源：深刻洞察力，威望经济公司，未来主义研究所
威望经济公司　　　　　　　　　　　　　　FI　未来主义研究所

图 15-2　全球公司受到激进投资者维权要求影响的公司数量[3]

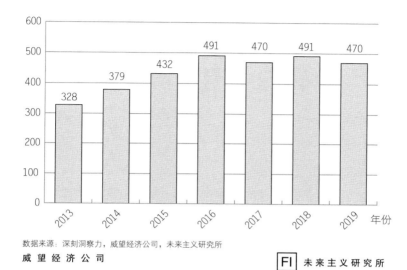

数据来源：深刻洞察力，威望经济公司，未来主义研究所

威 望 经 济 公 司

FI 未 来 主 义 研 究 所

图 15-3　美国公司受到激进投资者维权要求影响的公司数量[4]

于解决方案的实施，以及环境、气候变化和社会公平等问题的解决，同时还要不损害太多的股东价值，公司往往在这个过程中改革失败。

第十六章

转向"清洁食品"

除了推动清洁能源和可持续发展之外，满足某种程度"清洁"指导方针的食品也出现了上升趋势。这种广泛的食品和饮料分类包括无酒精啤酒、葡萄酒和烈酒，以及非转基因食品、有机食品、素食食品、清真食品和犹太食品。此外，这些趋势还将继续并加速发展。

在图 16-1 中，您可以看到，美国的有机食品需求在短短十年内增长了大约 250%。与这里列出的其他食品类别一样，有机食品的买家也愿意为清洁食品支付额外的费用[1]。

在未来十年，另一个将给全球当局带来麻烦的重要问题——尽管是世俗性质的——将是转基因生物。随着对更多卡路里的需求推动了食品和农业领域的基因改造技术创新，这场辩论可能会愈演愈烈。

尽管转基因生物将被纳入食物清单以满足全球对卡路里的需求，但非转基因产品的价格可能会更高。我将在第十九章进一步讨论转基因生物食品的发展动态。我们应该考虑的最后一个特色食品市场是牛奶和肉类的替代品，它们作为素食食品的

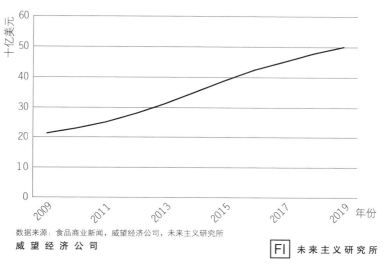

数据来源：食品商业新闻，威望经济公司，未来主义研究所

威望经济公司　　　　　　　　　　　　　FI　未来主义研究所

图 16-1　美国有机食品销售额[2]

选择。这些产品已经获得了相当大的市场份额，如图 16-2 中的牛奶替代品的数据图所示。近年来，扁桃仁和大豆素食产品的销量增长迅猛。

此外，对这些牛奶和肉类的替代品的产品需求——以及其他素食产品——在未来也可能继续增长。

特色食品市场展望

各类特色食品市场都有望全面增长——尤其是随着全球人口和全球财富的增加，如图 16-3。此外，特色食品的盈利能力可能会超过非特色食品，尤其是那些能满足某些饮食规定的食品会继续上升。

数据来源：全球统计数据库，威望经济公司，未来主义研究所

威 望 经 济 公 司   FI **未 来 主 义 研 究 所**

图 16-2   牛奶替代品市场的增长 [3]

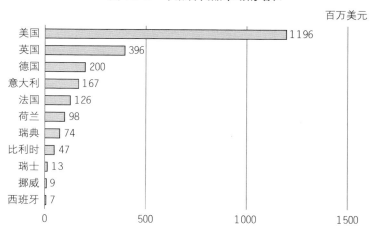

数据来源：全球统计数据库，威望经济公司，未来主义研究所

威 望 经 济 公 司   FI **未 来 主 义 研 究 所**

图 16-3   肉类替代品的市场价值 [4]

第十七章

废物变能源

未来农业和未来能源相交叠的一个领域是把农业废弃物转变为能源，即通过燃烧城市固体废弃物来发电。虽然农业研究的重点是二氧化碳排放和水资源利用，但全球人口增长会对另一个领域产生重大环境影响——垃圾填埋场。

废物转化成的能源并不是一种可再生能源，也不是一种清洁的能源形式，但通过燃烧城市固体废物产生能源可以减少固体废物对环境的总体影响，否则这些固体废物将被填埋或倾倒入海。

2015 年，美国焚烧了 2.62 亿吨固体废物。废物的种类包括许多不同的类别，但以纸张占多数，几乎占美国废物的26%[1]。固体废物的第二大类别是食物垃圾，占总固体废物的15% 以上，以及塑料垃圾和庭院修剪下来的碎草断枝，各占总固体废物的 13% 以上。

这意味着，可以用废纸、厨余垃圾以及其他废弃物来发电，从而相对减小用化石燃料发电对环境的不利影响，而不是将这些废弃物扔进垃圾填埋场。

在美国，废物发电处于一个相对较低的水平，自 20 世纪 90 年代中期以来一直保持相对稳定，如图 17-1 所示。

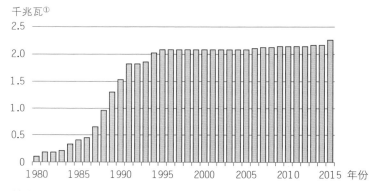

数据来源：美国能源信息署、威望经济有限公司，未来主义研究所

FI 未来主义研究所

图 17-1 美国利用城市固体废物发电量（1980—2015）[2]

与许多其他国家相比，美国燃烧掉的城市固体废物占其城市固体废物总量的比例相对较低。这在某种程度上是由于美国一些地区的垃圾焚烧发电设施相对集中。

在一些国家，垃圾焚烧发电很重要。在图 17-2 中，可以看到各国城市固体废物用于焚烧发电的比率的对比情况。例如，在日本，68% 的城市固体废物被焚烧，并进行能源回收；

① 图中原文如此（gigamwatts），但发电量（power generation capacity）的单位应该是"千瓦时"（kilowatt hours），即"度"，或"千兆瓦时"gigawatt hours），即"兆度"。

德国焚烧的城市固体垃圾占总垃圾的 25%；在美国，只有大约 13% 的城市固体废物被用作能源生产[3]。

　　在全球范围内，固体废物发电量可能会增加。随着新兴经济体的增长并产生更多的固体废物，这一预测的正确性将会越来越明显。由于地球人口在未来 30 年内将增加至少 20 亿，土地将成为更有价值的资产，并且将以高价出售。

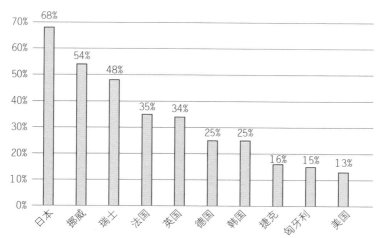

注：日本、韩国和美国是2015年的数据，其他国家是2016年的数据
数据来源：经济合作与发展组织国家（不含美国）的数据截至2018年12月；美国的数据来自美国环境保护署2018年7月公布的数据。

FI 未来主义研究所

图 17-2　部分国家用于焚烧和能量回收的固体废物占城市生活固废总量的百分比[4]

第十八章

乙醇

　　展望未来，全球对卡路里的需求将显著增加，那些被用作燃料的植物，如果能够作为食物使用，可能会比作燃料更有价值。生物柴油往往由用过的植物油制成，而乙醇通常是从初榨玉米或蔗糖中提取的，这实际上是将食物转化成了乙醇，供汽车使用。

　　乙醇补贴是为了支持美国种植玉米的农民而设立的，这些补贴使乙醇成为一种有吸引力的燃料。如果全球人口像预期的那样增长，那么在未来粮食需求增加的时候，玉米补贴的力度就会减少。此外，蔗糖作为燃料的使用——尽管在巴西很常见——也可能随着全球卡路里需求的上升而下降。

　　目前，乙醇汽车在美国替代燃料汽车①中占多数。事实上，2017 年美国所有替代燃料汽车中有 79% 是乙醇汽车 [1]，但是，食品需求的前景以及电动汽车的兴起可能会削减乙醇汽车的数量。

---

① 替代燃料汽车（alternative fuel vehicles），即不使用燃油或天然气等化石燃料的汽车。

　　到 2050 年，乙醇汽车的市场份额将输给电动汽车。根据美国能源信息署的预测，到 2037 年，电动汽车在替代燃料汽车中所占的比例才会与乙醇汽车持平，如图 18-1 所示。[2]

　　即使到 2050 年，预计 1600 万辆乙醇汽车仍将占美国 7300万辆替代燃料汽车的 23%，此时总车队规模预计将达到 2.95亿辆。乙醇在未来仍将是一种重要的能源添加剂，用以增加石油分子的利用率[3]，但全球粮食需求很可能会导致乙醇的广泛使用或乙醇车队扩张的可能性化为泡影。简而言之，这些原料作为食物可能比把它们作为燃料更有价值。

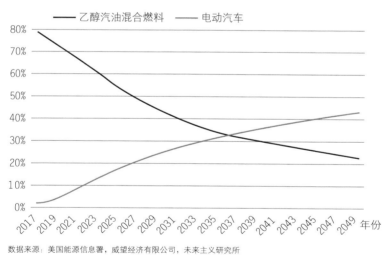

数据来源：美国能源信息署，威望经济有限公司，未来主义研究所

FI　未 来 主 义 研 究 所

图 18-1　乙醇和电动汽车在美国替代燃料汽车中的比例[4]

争议性趋势

第十九章

食材灭绝风险和转基因生物

在粮食和农业领域，最具争议性的发展趋势之一是转基因生物的开发和推广。在全球气温上升等气候变化的背景下，一些食材因过度捕获、采摘，或因其生长繁殖对气候变化敏感而减产，其供应量可能会急剧下降，而转基因可能是拯救这些食材免于灭绝的一种方法。即使是做这样的声明和解释，转基因生物仍会被一些人解读为相当可耻。

让我们来看看在未来几十年里面临灭绝风险的两种重要的农产品：可可豆和咖啡豆。

可可树和咖啡树都需要非常特殊的条件才能茁壮成长，如果全球气温持续上升，可可树可能在 40 年内灭绝[1]。对于咖啡来说，前景同样危急，60% 的野生咖啡树可能在未来几十年内灭绝。[2]

鱼类可能越来越多地在渔场或水培封闭循环设施中饲养，以抵消野外过度捕捞导致的潜在灭绝风险。同样，为了避免野生咖啡树和可可树减产，甚至彻底灭绝的风险，也将需要付出巨大的努力。

在这种情况下，一个潜在的解决方案是对可可树和咖啡树进行基因改造。尽管转基因食品的风险经常被人诟病，但如果要让这些对温度非常敏感的植物在不太适合其生长和采摘的气候条件下存活，那么转基因解决方案至关重要。

据 WebMD[①] 报道，早在 2016 年，美国就在 80% 的包装食品中发现过转基因生物，而在未来十年，它们应该会以更大的比率出现在食品中。科学上，这似乎是安全的，但争论仍在激烈地进行[3]。

要了解关于转基因生物的全面讨论，我建议在这里咨询美国食品药品监督管理局（Food and Drug Administration）的网站。[4]

一些国家可能会继续抵制转基因生物，一些消费者会拒绝食用转基因食品，且乐意为非转基因食品支付溢价，我在第十六章已经提到这些了。随着全世界努力满足全球不断增长的卡路里需求，转基因生物可能是提高产量的解决方案的关键部分，同时它还可能解决其他问题，如吸收大气中的温室气体二氧化碳。

---

① Web Medical 的英文简称，意思是在线医学信息、网络医疗或网上私人医生。WebMD 是美国互联网医疗健康信息服务商和著名上市公司，也是全球最大的医疗服务网站。

第二十章

未来的水

　　水资源的获取是全球经济、社会、政治家们以及农业产业在未来十年及以后将面临的最大问题之一。与水风险相关的挑战早在新冠肺炎大流行、停工和经济衰退之前就存在了。在新冠肺炎疫情引发一系列社会动荡之后，我们现在应该更加清楚的是，如果基本必需品供应链崩溃，即使是最发达的经济合作与发展组织经济体也可能面临结构性、系统性风险。

　　换句话说，确保获得水、食品等基本必需品至关重要；在未来几年，特别是如果气候变化导致干旱和食品短缺的情况增加，这还会变得更加重要。当然，目前的情况也不乐观。

　　根据世界卫生组织 2019 年的一份报告，目前有 7.85 亿人缺乏"基本的饮用水服务"。此外，目前至少有 20 亿人家中缺少安全的饮用水；到 2025 年，预计"超过一半的世界人口将居住在水资源紧张的地区"[1]。

　　这距离现在[①]只有 5 年的时间，而到 2050 年，风险还要大

---

① 指作者写作此书时。

得多。在一些因气候变化和人口增长导致水资源短缺加剧的地区，围绕水资源的战争并非不可预见的风险。对于中东等已经深陷多边代理战争的地区，这可能是一个特别严重的风险。

农业用水是未来水资源利用的重要组成部分，自 1900 年以来，全球水资源需求主要由农业驱动。在图 20-1 中，可以看到联合国绘制的全球历史用水量图表。尽管在过去 40 年里，所有类别的用水量都有所增加，但农业一直是而且仍然是全球用水量最大的领域。农业用水在过去和现在都占主导地位，而且很可能在未来继续占据主导地位。

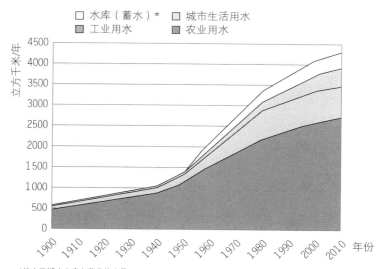

*从人工湖（水库）蒸发的水量

数据来源：AQUASTAT (2010)，联合国，威望经济有限公司，未来主义研究所

威 望 经 济 公 司   FI 未 来 主 义 研 究 所

图 20-1　1900 年以来全球用水量[2]

到 2050 年，水需求增长最多的领域之一可能是工业需求。在全球范围内，工业用水需求预计将增加 165%[3]。这一动态如图 20-2 所示，从图中可以清楚地看到，在 2050 年前的几十年里，最大的增长率将出现在非洲和亚洲——人口增长和新兴市场中产阶级财富的积累将主导这一变化。总而言之，全球工业用水份额预计将从 2010 年的 18% 增加到 2050 年的 24%。这意味着，尽管农业中卡路里的生产至关重要，但工业也需要水。

	2010年（立方千米/年）	各大洲用水总量的百分比	2050年（立方千米/年）	各大洲用水总量的百分比	相对变化率（2050年比2010年）
非洲	18	8%	64	18%	353%
亚洲	316	10%	760	19%	240%
北美和中美洲	229	35%	182	27%	80%
南美洲	31	19%	47	21%	153%
欧洲	241	54%	325	58%	135%
大洋洲	2	5%	3	7%	144%
全球	838	18%	1381	24%	165%

数据来源：改编自 Burek 等人（2016）的研究报告（第62页的表4-10），联合国，威望经济有限公司，未来主义研究所

威 望 经 济 公 司　　　　　　　　　　　　　FI　未 来 主 义 研 究 所

图 20-2　2010 年及 2050 年各大洲的工业用水需求（中间路线情景）[4]

当然，地球上的新鲜饮用水只有这么多，这就是为什么国际能源署在 2020 年联合国报告中预期水资源的跨区转移和水脱盐技术的应用都将大幅增加[5]。这凸显了水可能成为一种交易和运输商品的风险，这种商品需要大量的能源来脱盐以及在

不同地点之间转移。

　　围绕水资源的商业活动和潜在冲突由来已久，许多国家都在寻求加强冲突地区的淡水供应。展望未来十年，随着美国和中国在大国竞争中争夺领先地位，有很大可能性会发生全球性冲突。随着相关代理战争风险的增加，如果发生第二次冷战，水的获取可能成为一个关键砝码，使各国选择站在天平的某一方。

第二十一章

贸易战动态

美国有 **44.4%** 的农产品出口到亚洲，其中 **12.1%** 出口到了中国 [1]。然而，美中两国之间不断升级的大国竞争破坏了它们共生的贸易关系。2018 年开始的紧张局势在新冠肺炎疫情流行、停工和经济衰退之后变得更加严重，可能会给金融、全球经济和贸易带来更大风险。

与我在本书中的评估最密切相关的是，中美贸易已经对一些农产品的流动、市场和价格产生了重大影响。此外，如果这两个国家之间的关系在未来变得更加紧张，将给两国经济、整个供应链以及全球范围内的商品和服务自由流动带来更大风险。

新冠肺炎大流行揭开了许多方面的一角，暴露了社会、全球经济和国家安全的公开秘密和被忽视的风险。新冠肺炎疫情还揭示了供应链过于精简的风险，以及医疗用品、医疗设备、基本必需品、手套和口罩等个人防护装备等重要商品依赖全球供应链的负面影响。新冠肺炎疫情也暴露了社会稳定和国家安全的脆弱性，粮食和农产品变得更加难以获得。

地区	GDP占世界份额（%）	人口占世界份额（%）	占美国农产品出口份额（%）
北美洲	27.7	6.5	28.4
新兴市场国家	24.1	45	16
欧洲和中亚	24.9	9.3	10.4
亚洲和大洋洲	34.0	55.2	44.4
拉丁美洲	4.6	5.8	23.9
中东和非洲北部	4.2	6.5	5.9
撒哈拉沙漠以南非洲	2.0	13.3	1.2

数据来源：美国农业部，威望经济有限公司，未来主义研究所

威 望 经 济 公 司

FI 未 来 主 义 研 究 所

图 21-1　按全球地区划分的美国农业出口 [2]

回首往昔，展望未来

2018 年 3 月特朗普签署针对中国的贸易备忘录，拉开了中美贸易战。事实上，在新冠肺炎疫情之后，世界甚至有可能走上第二次冷战的道路。

此前，在全球贸易强劲支撑下，2017 年全球经济实现了强劲增长。中美之间主要的贸易风险导致 2018 年和 2019 年全球经济增长放缓。美中之间的关系不仅仅涉及关税问题，它们也在同步影响全球经济、政治和军事。

这就是为什么到 2020 年 8 月，美中贸易争端仍未得到解决的部分原因。此外，争端继续并进一步扩散的风险越来越大。与此同时，全球经济增长下行风险加大。我之前曾指出，这可能需要在未来为美国和中国的终端市场提供不同的供应

链——尤其是高科技产品。

现在最关键的问题之一是，中美关系将如何变化，以及它将如何在全球供应链、全球经济和大国竞争中产生连锁反应？

最近，我在五角大楼的一份非机密报告中，尝试通过展示新冠肺炎疫情后未来场景下的供应链来回答这个问题。您可以在这里下载完整的五角大楼非机密报告：http://www.futuristinstitute.org/pentagon-report/。

在考虑贸易对未来粮食和农业的重要性时，我们需要认识到全球经济增长对全球贸易高度敏感。在高风险的贸易环境中，全球宏观经济风险更大。如果中美之间的冲突加剧（这似乎有可能发生），未来的经济增长和金融市场可能面临压力。

幸运的是，就食品和农业前景而言，即使在冷战最激烈的时期，谷物和其他农产品也在苏联和美国之间流动。这意味着，即使在贸易战升级的环境下，农产品仍可能流动。问题是，当前世界经济环境冲突发生时这些农产品仍会流动吗？还是会被更长久地阻断？

展望未来

第二十二章

未来情景

　　未来有很多种可能的情景。作为一名未来学家，需要考虑未来的不同情景，以促进关于未来的探讨、考虑各种替代性方案，并确定可能导致未来不同结果的各种控制因素。在这一章中，将分享我认为最有可能出现的情景。

　　尽管一些未来学家可能会对我倾向于描绘我坚信的最有可能的未来图景持有异议，或者甚至对我这种偏好表达不满，但作为一名为公司、机构投资者、非政府组织和政府机构提供咨询的顾问，分享我评估的最有可能出现的情形，是我工作中重要而有用的部分。

情景：技术优势

　　技术和创新在解决未来粮食和农业面临的一些最大挑战方面具有巨大潜力。在这种情景下，卡路里缺口将由新的、不断涌现的未来创新所填补。

　　农业和工业用水供应充足且容易获取，世界上的其他环境问题，比如减少排放、扭转气候变化，也将通过技术进步得到解决。

　　在这种情景下，转基因生物和其他技术有望提高全球作物产量；可以减少全球排放的资源再生技术具有重大影响；随着城市和郊区食品设施（如水培法、实验室培养的肉类和其他技术）的广泛建立，食物沙漠现象将被根除。

　　在我看来，这种乌托邦式的情景是最不可能出现的。这需要依赖许多技术的快速发展和有效部署。

情景：崩溃和两极分化

　　在这种情景下，技术和创新无法帮助人们解决伴随人口和全球财富增长而来的粮食和农业问题。地球上的需求和压力太大了，全球公民的需求不可能得到平等满足，而且差距急剧扩大。由于缺水频繁发生，枯竭的水库日益受到杀虫剂的污染，出现了大规模和广泛的干旱和饥荒。全球温室气体排放量也急剧上升。

　　地缘政治上，少数国家牢牢控制着淡水资源，资源战争频繁、普遍、残酷。与此同时，世界上大部分地区都是一个巨大的食物沙漠。食品消费出现两极分化："干净食品"和"真正的食品"成为超级富豪的标志，而绝大多数民众吃的是营养不合格的食物和质量普遍较差的肉。

　　从2020年8月的情况来看，这种情况似乎不太可能发生。

然而，这似乎是一个比"技术优势"情景更合理的情景。

情景：得过且过

在这本书中，我试图分享我对影响未来的潜在发展趋势和技术的看法，包括有利的机会以及一些不利的风险。这些风险的判断主要基于对人口增长和有限的水、土地和能源资源的预估，以及对温室气体排放和全球冲突的担忧。与挑战和风险相抗衡的是，技术和创新带来的机遇可以改善未来情景。

尽管纯乌托邦和反乌托邦的结果似乎都不太可能实现，但介于两者之间的结果是很可能的。未来结果到底是好是坏取决于很多因素，包括以下几点。

1）未来 30 年的人口增长率。较少的人口会减轻整个系统的压力，而更多的人口会给全球农业带来巨大压力。近年来，人口增长率急剧放缓，新冠肺炎疫情甚至可能导致生育低谷。如果这种趋势加剧，未来全球的卡路里需求可能会减少[1]。

2）支持鼓励可持续发展的举措。这可能来自非政府组织、政府或企业。更多的支持和更多的资金可能会带来更好的结果。

3）技术的采纳、部署和效率。一些技术可以极大地提高作物产量，提供蛋白质卡路里，并改善环境。资金、投资回报率、有效的管理和激励对于这些技术的成功采纳和使用至关重要。

4）地缘政治外交和贸易。如果发生第二次冷战，代理战争有可能演变为资源战争。如果全球大国竞争降温，代理战争和资源战争的可能性就会降低。持续稳定的全球贸易水平将支持全球相互依存，并可能促进合作。积极的国际关系也可以促进水资源的国际共享或交易。

5）卡路里的消耗。如果新兴中产阶级和其他发展中国家渴望效仿美国和工业化国家的总卡路里和肉类卡路里消费力，全球农业的压力将会更大。如果人们对总卡路里和肉类卡路里消费的偏好从目前的水平下降，或者上升不到美国或工业化水平，那么全球农业的压力就会大大减轻。

简而言之，人口、举措、技术、贸易和卡路里消耗这些主要影响因素将决定未来十年及以后的发展状况。不幸的是，从2020年8月开始，功能失调的政府、大国竞争和资源有限的卢梭式世界（Rousseauian world）① 大概难以抓住未来所有有利的发展潜力，其中一些潜力会被捕捉。虽然有可能出现乌托邦或反乌托邦的未来，但我们很可能会落在中间的某个地方，尽管这在很大程度上取决于上述这五个因素。

---

① 这里大概指社会财富和资源被少数人掌控的不公正世界。让 - 雅克·卢梭（Jean-Jacques Rousseau，1712—1778 年），法国重要哲学家和政治思想家，欧洲启蒙运动代表人物之一。卢梭认为世界应以人的福祉和公正为导向，他反对财富和权力集中，主张人民自由和平等。

第二十三章

统揽全局

我写这本书是为了研究、识别和分享我对未来几十年可能破坏和影响粮食和农业的最重要趋势和技术的看法，我希望巨大的风险和机遇是明确的。既要养活不断增长的全球人口，又要平衡环境限制和影响，这并非易事。与此同时，如果关于水、食物和农业的资源战争风险增加，世界将变得更加险恶不公，那么供应链安全和国家安全都将受到严峻挑战。

虽然庞大的数字往往难以令人理解，但在这些方面的数据似乎相当清楚。保持卡路里、环境和地缘政治的平衡将成为一项极其艰巨的任务，对农业综合企业和地球的要求将会很高，但我们并非没有希望。区块链、量子计算、物联网数据和自动化等通用技术可以帮助粮食和农业生产变得更高效、更安全和更有保障。

未来农业也将受到全行业大力推动的水培法和实验室人造肉等技术的巨大影响。这些技术产生的替代效应和效率收益是存在的，而且可能提高作物产量。与此同时，为实现全球产量最大化以及应对环境风险和改善食物沙漠现象，环境、社会和治理以及可持续性要求可能会变得越来越重要。

进一步学习

如果您喜欢这本书，并想学习更多关于未来不确定的战略规划，那么未来主义研究所的"认证未来学家和长期分析师 (the Certified Futurist and Long-Term AnalystTM，FLTA™)" 培训项目可以帮助您将发展趋势和技术风险与机遇分析纳入长期战略规划。

FLTA 培训项目设有咨询、国家安全、财务规划、会计、法律、标准制定共六大专业门类的专业人员培训。此外，未来主义研究所被"注册财务规划师标准委员会 (the Certified Financial Planner Board of Standards®)"认证为继续教育提供商。有关 FLTA 和未来主义研究所的详细信息，请访问 www.futuristinstitute.org。

您的下一步行动

粮食和农业的未来将带来机遇、风险和挑战。既然您已经了解了哪些重大动态、趋势和技术将影响我们所生活的世界，那么您就已经为未来农业做了更好的准备。

詹森·申克

2020 年 9 月

致　谢

　　这本书代表了我的尝试，即将当前情形置于发展背景中，研究食品和农业的下一步发展。没有一本书是完全由一个人完成的，还要有编辑工作、文件转换、文案版式设计和项目管理，完成这些任务需要一个团队。

　　在此，我要感谢威望经济公司（Prestige Economics：全球领先的独立金融市场研究公司）、未来主义研究所（The Futurist Institute）和威望专业出版社（Prestige Professional Publishing）的工作人员使本书的出版成为现实。

　　此外，我还要特别感谢诺法勒·帕特勒，正是他监管了本书的印刷制作。

　　最重要的是，我要感谢我的家人在我的教育、职业、创业和写作方面给予的支持。

　　我始终非常感激我亲爱的妻子艾什莉·申克以及我的父母珍妮特和杰弗里·申克的支持。我的家人通过提供情感支持和编辑反馈以各种方式支持我。每次我写一本书，都是一种疯狂的经历，它影响了我的家庭生活，所以我想对他们以及在这个过程中帮助过我的其他人说一声：谢谢！

最后，感谢您购买此书，希望您喜欢《未来农业：颠覆性技术如何塑造未来人类生活》。

詹森·申克

2020 年 9 月

尾　注

第一章

1. Iredale, Will and Grimston, J. (2004 年 10 月 10 日) 英 国 "Four Meals Away from Anarchy." *The Sunday Times*. 于 2020 年 8 月 25 日 从 https://www. thetimes.co.uk/article/britain-four-meals-away-from-anarchy-fc9kfgc0w92 检索 .

第二章

1. NBER, FRED, World Bank, Prestige Economics. 于 2017 年 2 月 17 日 从 : http://www.nber.org/chapters/c1567.pdf https://fraser.stlouisfed.org/files/docs/ publications/frbslreview/rev_stls_198706.pdf 检 索 http://databank.worldbank.org/ data/reports.aspx?source=world-development-indicators#.

2. Employment Indicators. Food and Agriculture Organization of the United Nations. 于 2020 年 8 月 20 日从 http://www.fao.org/faostat/en/#data/OE. 检索 .

3. 同上 .

4. 同上 .

5. Employment in Agriculture. World Bank. 于 2020 年 8 月 24 日从 https:// data.worldbank.org/indicator/SL.AGR.EMPL.ZS?locations=US-CN-KR-VN-1W. 检索 .

6. 同上 .

7. 同上 .

第三章

1. Land Use. Food and Agriculture Organization of the United Nations. 于

2020 年 8 月 20 日从 http://www.fao.org/faostat/en/#data/RL. 检索 .

2. 同上 .

3. 同上 .

第四章

1. Crops. Food and Agriculture Organization of the United Nations. 于 2020 年 8 月 20 日从 http://www.fao.org/faostat/en/#data/QC. 检索 .

第五章

1. Population Estimates and Projections. The World Bank. 于 2019 年 5 月 10 日 从 https://datacatalog.worldbank.org/dataset/population-estimates-and-projections. 检索 .

2. World Oil Outlook 2018. OPEC. Retrieved on 9 May 2019 from https://woo.opec.org/chapter.html?chapterNr=1&chartID=9. All OPEC data and graphs provided with permission. We very much appreciate the rights to use these.

3. "What the World Eats." National Geographic. Retrieved on 20 August 2020 from https://www.nationalgeographic.com/what-the-world-eats/.

4. "Global and regional food consumption patterns and trends." World Health Organization. Retrieved on 20 August 2020 from https://www.who.int/nutrition/topics/3_foodconsumption/en/.

第六章

1. "What the World Eats." National Geographic. Retrieved on 20 August 2020 from https://www.nationalgeographic.com/what-the-world-eats/.

2. 同上 .

3. Ritchie, Hannah. (2017.) "Meat and Dairy Production." Our World In Data. Retrieved on 20 August 2020 from https://ourworldindata.org/meat-production. Livestock Primary. Food and Agriculture Organization of the United Nations. Retrieved on 20 August 2020 from http://www.fao.org/faostat/en/#data/QL.

4. 同上 .

5. 同上 .

6. Ritchie, Hannah. (2020.) "Environmental impacts of food production." Our World In Data. Retrieved on 20 August 2020 from https://ourworldindata.org/ environmental-impacts-of-food. Poore, J., & Nemecek, T. (2018.) Reducing food's environmental impacts through producers and consumers. Science, 360(6392), 987-992. Retrieved on 20 August 2020 from https://science.sciencemag.org/ content/360/6392/987.

7. Ritchie, Hannah. (2017.) "Meat and Dairy Production." Our World In Data. Retrieved on 20 August 2020 from https://ourworldindata.org/meat-production. Alexander, P., Brown, C., Arneth, A., Finnigan, J., & Rounsevell, M. D. (2016). "Human appropriation of land for food: the role of diet." Global Environmental Change, 41, 88-98. Retrieved on 20 August 2020 from http://www.sciencedirect. com/science/article/pii/S0959378016302370?via% 3Dihub#bib0330.

8. Ritchie, Hannah. (2020.) "Environmental impacts of food production." Our World In Data. Retrieved on 20 August 2020 from https://ourworldindata.org/ environmental-impacts-of-food. Poore, J., & Nemecek, T. (2018.) Reducing food's environmental impacts through producers and consumers. Science, 360(6392), 987-992. Retrieved on 20 August 2020 from https:// science.sciencemag.org/ content/360/6392/987.

第七章

1. "Cultured Meat Market." Markets and Markets. Retrieved on 26 August 2020 from https://www.marketsandmarkets.com/Market-Reports/cultured-meat-market-204524444.html.

2. Kateman, Brian. (17 February 2020.) "Will Cultured Meat Soon Be A Common Sight In Supermarkets Across The Globe?" Forbes. Retrieved on 26 August 2020 from https://www.forbes.com/sites/briankateman/2020/02/17/ will-cultured-meat-soon-be-a-common-sightin-supermarkets-across-the-

globe/#2b71a3097c66.

　　3. Mitchell, Natasha. (30 November 2017.) "Lab-grown burger with the lot: can we make meat more humane, and less polluting?" ABC Science. Retrieved on 26 August 2020 https://www.abc.net.au/news/science/2017-12-01/lab-made-meat-can-food-be-more-humane-and-less polluting/9206542.

第八章

　　1. "Hydroponics Market." Markets and Markets. Retrieved on 26 August 2020 from https:// www.marketsandmarkets.com/Market-Reports/hydroponic-market-94055021.html.

第九章

　　1. U.S. Census Bureau, E-Commerce Retail Sales [ECOMSA], retrieved from FRED, Federal Reserve Bank of St. Louis; https://fred.stlouisfed.org/series/ECOMSA, August 25, 2020.

　　2. U.S. Census Bureau, E-Commerce Retail Sales as a Percent of Total Sales [ECOMPCTSA], retrieved from FRED, Federal Reserve Bank of St. Louis; https:// fred.stlouisfed.org/series/ ECOMPCTSA, August 25, 2020.

第十章

　　1. Speech by Darryl Willis, VP Oil, Gas, and Energy, Google Cloud at Google. Speech given at D2:Upheaval on 10 October 2018.

　　2. *Investopedia*. "Moore's Law." Retrieved on 7 November 2018 from https:// www.investopedia.com/terms/m/mooreslaw.asp.

　　3. Gribbin, J. *Computing with Quantum Cats: From Colossus to Qubits*. Prometheus Books: New York. p. 92.

　　4. Jurvetson, S. (10 December 2016.) "Moore's Law Over 120 Years." Flickr. Retrieved on 1 November 2018 from https://www.flickr.com/photos/jurvetson/31409423572/.

5. Speech by Deepu Talla, Vice President and General Manager of Autonomous Machines, NVIDIA, at RoboBusiness on 26 September 2018.

第十一章

1. Farley, A. (2018.) "Bearer Bonds: From Popular to Prohibited" Investopedia. Retrieved on 24 August 2018 from https://www.investopedia.com/articles/bonds/08/bearer-bond.asp.

2. Image provided courtesy of Heritage Auctions, HA.com. Retrieved on 24 August 2018 from https://currency.ha.com/itm/miscellaneous/other/-1-000-000-us-treasury-bearer-bond/a/364-15547.s.

3. Lagarde, C. (26 April 2018.) "Statement by IMF Managing Director Christine Lagarde on Her Participation in the Paris Conference on Terrorism Financing." International Monetary Fund. Retrieved on 24 August 2018 from https://www.imf.org/en/News/Articles/2018/04/26/pr18150-lagarde-on-her-participation-in-the-paris-conference-on-terrorism-financing.

4. "Annual Economics Report." (June 2018.) Bank of International Settlements, p. 91-141. Retrieved from https://www.bis.org/publ/arpdf/ar2018e.pdf.

5. Strohm, Chris. (13 August 2020.) "U.S. Says It Seized Cryptocurrency From Three Terrorist Groups." Bloomberg. Retrieved on 15 August 2020 from https://www.bloomberg.com/news/ articles/2020-08-13/u-s-says-it-seized-cryptocurrency-from-three-terrorist-groups? sref=GNzrTNIg .

6. Powell, J. "Semiannual Monetary Policy Report to the Congress." U.S. Federal Reserve. Retrieved on 12 July 2019 from https://www.federalreserve.gov/newsevents/testimony/ powell20190710a.htm.

7. Image at end of chapter sourced from Go ll, H. (1876.) *Galerie der Meister in Wissenscheft und Kunst. Meister der Wissenschaft I. Die Weisen und Gelehrten des Altherthums*. Second Edition. Leipzig: Verlag von Otto Spamer. P. 395.

第十三章

1. Statista Research Department. (1 July 2019.) " Robotics in the food and beverages industry sales worldwide 2017-2021, by country." Statista. Retrieved on 20 August 2020 from https:// www.statista.com/statistics/1018917/robotics-food-and-beverages-industry-sales-valueworldwide/.

第十五章

1. Welsh, H. (9 November 2018.) "Social, Environmental & Sustainable Governance Shareholder Proposals in 2018." *Securities and Exchange Commission*, Sustainable Investments Institute. Retrieved on 12 July 2019 from www.sec.gov/comments/4-725/4725-4636528-176443.pdf.

2. 同上.

3. "The Activist Investing Annual Review." (2020.) *Activist Insight*. Retrieved on 12 August 2020 from https://www.activistinsight.com/research/TheActivistInvesting_AnnualReview_2020.pdf.

4. "Shareholder Activism in 2019." (2020.) *Activist Insight*. Retrieved on 12 August 2020 from https://www.activistinsight.com/research/Shareholder_Activism_IN_2019.pdf.

第十六章

1. Gelski, Jeff. (20 May 2019.) "U.S. annual organic food sales near $48 billion." Food Business News. Retrieved on 20 August 2020 from https://www.foodbusinessnews.net/articles/13805-usorganic-food-sales-near-48-billion. See also Nunes, Keith. (10 June 2020.) "Organic food sales reach $50 billion in 2019." Food Business News. Retrieved on 20 August 2020 from https://www.foodbusinessnews.net/articles/16202-organic-food-sales-reach-50-billion-in-2019.

2. 同上.

3. Shahbandeh, M. (23 October 2019.) "Market value of dairy milk alternatives worldwide in 2019, by category." Statista. Retrieved on 20 August 2020

from https://www.statista.com/statistics/693015/dairy-alternatives-global-sales-value-by-category/.

　　4. Richter, Felix. (17 June 2019.) "Alternative Meat Market Poised for Growth." Statista. Retrieved on 20 August 2020 from https://www.statista.com/chart/18394/meat-substitute-sales-inselected-countries/.

第十七章

　　1. "Biomass Explained." Energy Information Agency. Retrieved on 9 May 2019 from https://www.eia.gov/energyexplained/index.php?page=biomass_waste_to_energy#tab1.

　　2. "Waste-to-Energy Electricity Generation Concentrated in Florida and Northeast." (8 April 2016). Energy Information Agency. Retrieved on 9 May 2019 from https://www.eia.gov/todayinenergy/ detail.php?id=25732.

　　3. "Biomass Explained." Energy Information Agency. Retrieved on 9 May 2019 from https://www.eia.gov/energyexplained/index.php?page=biomass_waste_to_energy#tab2.

　　4. "Biomass Explained." Energy Information Agency. Retrieved on 9 May 2019 from https://www.eia.gov/energyexplained/index.php?page=biomass_waste_to_energy#tab2.

第十八章

　　1. Annual Energy Outlook 2019. (24 January 2019.) Energy Information Agency. Retrieved on 9 May 2019 from https://www.eia.gov/outlooks/aeo/tables_ref.php .

　　2. 同上 .

　　3. 同上 .

　　4. 同上 .

第十九章

1. Brodwin, Erin. (31 December 2017.) "Chocolate is on track to go extinct in 40 years." Business Insider. Retrieved on 26 August 2020 from https://www. businessinsider.com/when-chocolateextinct-2017-12.

2. Davis, Aaron, Chadburn, Helen, Moat, Justin, O'Sullivan, Robert, and Hargreav, Serene (16 January 2019.) "High extinction risk for wild coffee species and implications for coffee sector sustainability." Science Advances, Vol. 5, no.1. Retrieved on 26 August from https:// advances.sciencemag.org/content/5/1/ eaav3473.

3. "Science and History of GMOs and Other Food Modification Processes." FDA. Retrieved on 26 August 2020 from https://www.fda.gov/food/agricultural-biotechnology/science-and-historygmos-and-other-food-modification-processes.

4. "Are GMOs Safe to Eat?" (6 April 2016.) *WebMD*. Retrieved on 26 August 2020 from https://www.youtube.com/watch?v=Xnxt8KkIF8w.

第二十章

1. Drinking-water (14 June 2019.) World Health Organization. Retrieved on 26 August 2020 from https://www.who.int/news-room/fact-sheets/detail/drinking-water.

2. "The United Nations world water development report 2020: water and climate change." (2020). UNESCO World Water Assessment Programme. Retrieved on 26 August 2020 from https://unesdoc.unesco.org/ark:/48223/pf0000372985. locale=en. Pg. 22.

3. 同上 Pg. 97.

4. 同上 .

5. 同上 Pg. 56.

第二十一章

1. Kenner, Bart and Jiang, Hui. (29 May 2020.) "Outlook for U.S. Agricultural

Trade." United States Department of Agriculture. Retrieved on 20 August 2020 from https://downloads.usda.library.cornell.edu/usda-esmis/files/6m311p28w/fb494w31v/c534g826s/AES_112.pdf.

2. 同上.

第二十二章

1. Last, J. (2013.) *What to Expect, When No One's Expecting: America's Coming Demographic Disaster.* New York: Encounter Books, pp. 2-4. See also Coy, Peter. (29 July 2020). "Americans Aren't Making Babies and That's Bad for the Economy." Bloomberg. Retrieved on 15 August 2020 from https://www.bloomberg.com/news/articles/2020-07-29/coronavirus-pandemic-americans-aren-t-making-babies-in-crisis.

关于作者

　　申克先生是威望经济公司的总裁和未来主义研究所的主席。他被评为世界上最准确的金融预测者和未来学家之一。彭博新闻社将其评为 44 个预测类别的顶级预测者，其中 25 个类别的预测准确性排名世界第一，包括他对欧元、英镑、俄罗斯卢布、中国人民币、原油价格、天然气价格、黄金价格、工业金属价格、农产品价格和美国就业的预测。

　　申克于 2018 年被投资百科①评为全球 100 位最具影响力的财务顾问之一。他的作品曾刊登在《华尔街日报》《纽约时报》和《法兰克福汇报》上。他曾出现在美国消费者新闻与商业频道、美国有线电视新闻网、美国广播公司、美国全国广播公司、美国微软国家广播公司、美国福克斯新闻频道、美国福克斯商业网、美国突发新闻网、彭博德国和英国广播公司②中。申克也是彭博电视的嘉宾主持人和彭博意见的撰稿人。

　　申克参与了石油输出国组织和美国联邦储备委员会的活

① 全球领先的有关银行利率、财务、证券、商业、股市投资、退休策略等金融知识内容的网络平台，其网址为 https://www.investopedia.com/。
② 这些均为美西方当代主要媒体。

动，并为私营公司、上市公司、行业组织和美联储发表主题演讲。同时，他也为北约和美国政府就未来的工作、区块链、比特币、加密货币、量子计算、数据分析、预测和假新闻给予建议。申克已撰写了 30 本书，其中 12 本是畅销书，包括《新冠肺炎疫情后的未来》《机器人的工作》《量子：新计算》《商品价格 101》《防衰退》《面向未来的供应链》《选择衰退》《金融的未来就是现在》《未来能源》《垃圾箱火灾选举》以及 2018 年到 2020 年的《机器人与自动化年鉴》。他还撰写了《区块链的承诺》《数据迷雾》《金融风险管理基础》《中期经济学》《尖峰：成长破解领导力》《战略成本削减》《新冠肺炎疫情后的战略成本削减》和《占卜经济》[①]。申克在《劫后余生》[②]中被认为是世界上最重要的未来学家之一。他的研究被列入五角大楼 2020 年 6 月发表的关于新冠肺炎疫情后全球竞争力的报告。

申克担任威望经济公司总裁，为高管、行业团体、机构投资者和中央银行提供咨询。他还创立了未来主义研究所，为该研究所创建了一个严格的学习课程体系，包括未来工作、未来交通、未来数据、未来金融、未来主义基础、未来能源、未来领导力、未来医疗保健、未来量子计算和新冠肺炎疫情后的未来。他也是领英（LinkedIn）[③]学习课程的讲师，课程内容涉及

---

① 解读茶叶渣，西方曾流行的一种通过观察茶叶渣在杯中的位置和形状来预测未来的占卜方法。

② 由 Jason Margolis 执导的加拿大电影，2012 年上映。

③ 一个面向职场的社交平台。

经济指标、风险管理、审计和尽职调查以及抗衰退策略。

申克持有美国北卡罗来纳大学格林斯伯勒分校的"应用经济学"硕士学位,加利福尼亚州立大学多明格斯山分校的"谈判、解决冲突和建立和平"硕士学位,北卡罗来纳大学教堂山分校的"日耳曼语言和文学"硕士学位,以及弗吉尼亚大学的"历史和德语"学士学位。他还持有美国麻省理工学院的金融科技证书和供应链管理证书、北卡罗来纳大学的专业发展证书、哈佛大学法学院的谈判证书、卡内基梅隆大学的网络安全证书和休斯顿大学的战略预测专业证书。他持有特许市场技术员(CMT®)和注册财务规划师(CFP®)的资格证书,同时也是一名注册未来学家和长期分析师(FLTA),并持有FLTATM委任书。

在创立威望经济公司之前,申克在麦肯锡公司担任风险专家,在那里,他为六个大洲的商品项目团队提供交易和风险方面的内容指导。在麦肯锡之前,申克是瓦乔维亚银行(现富国银行)的首席能源和商品经济学家。

申克是总部位于得克萨斯州奥斯汀的得克萨斯州商业领导委员会的100位首席执行官之一。该委员会是一个无党派组织,为得克萨斯州和联邦级别的民选领导层提供建议。申克还是美国企业董事协会的治理研究员。他还担任多个董事会的成员,是得克萨斯州杰出的无党派领导团体得克萨斯学会执行委员会的财务副总裁。

免责声明

来自作者

以下免责声明适用于本书的任何内容：

本书仅供一般信息使用，并非投资建议。詹森·申克不对任何特定或一般投资、投资类型、资产类别、不受监管的市场、特定股票、债券或其他投资工具提出建议。詹森·申克不保证本书中分析和陈述的完整性或准确性，对于任何个人或实体依赖本信息可能导致的任何损失，詹森·申克也不承担任何责任。观点、预测及资料如有更改，恕不另行通知。本书不代表金融或咨询服务，或产品的征求或要约；本书仅是市场评论，仅供一般信息使用。本书不构成投资建议。在这本书出版的时候，所有的链接都是正确的和有效的。